Franz Kayser †

Benzinmotoren für Flugmodelle

Hier riecht's nach Sprit – Das Buch

Benzinmotoren für Flugmodelle

Hier riecht's nach Sprit – Das Buch

Franz Kayser

Verlag für Technik und Handwerk neue Medien GmbH
Baden-Baden

vth-Fachbuch
Best.-Nr.: 310 2267

Redaktion: Oliver Bothmann

Bibliografische Information der Deutschen Nationalbibliothek
Die Deutsche Nationalbibliothek verzeichnet diese Publikation in der Deutschen Nationalbibliografie; detaillierte bibliografische Daten sind im Internet über http://dnb.d-nb.de abrufbar.

ISBN 978-3-88180-482-0

Postfach 22 74, 76492 Baden-Baden

Printed in Germany
Druck: Colordruck Solutions GmbH Leimen

Inhaltsverzeichnis

Vorwort

Als ich mit 10 Jahren im Windschatten meines älteren Bruders mit der Bastelei begann – so lautete etwas abwertend die Bezeichnung meiner Mutter für den Modellflug – hatte ich gerade ein prägendes Erlebnis gehabt. Bei einem Sonntagsausflug mit der ganzen Familie an den nahegelegenen Rhein bei Duisburg, war in den Rheinwiesen ein penetrantes auf- und abschwellendes Geknatter zu hören, welches mich magisch anzog. Da raste ein kleines Flugzeug immer im Kreis um einen Mann herum, der das „ Ding“ – so meine Mutter – über eine Leine krampfhaft festhielt. Als der kleine Fesselflieger gelandet war, habe ich es gerade noch schaffen können, meine Familie solange warten zu lassen, dass ich zumindest den Neustart noch sehen konnte. Wie einfach sah das doch aus. Der Mann tat etwas Benzin in einen winzigen Tank, dreht zwei-, dreimal am Propeller und dann nochmal mit viel Schwung und der kleine Taifun-Dieselmotor sprang sofort an.

Es hat danach lange gedauert und es waren harte Verhandlungen mit meinem sparsamen Vater nötig, bis dann doch mal ein Taifun Rasant mit 2,5 ccm Hubraum unter unserem Weihnachtsbaum lag. Und es hat auch sehr lange gedauert, bis ich den Motor so sicher starten konnte, wie seinerzeit der Fesselflugpilot in den Rheinwiesen. Es gab leider damals noch niemanden in meinem Bekanntenkreis, der mir die wenigen Handgriffe oder Tricks zeigen konnte, die mir zum Erfolgserlebnis fehlten.

Ich erzähle diese kleine Geschichte nur deswegen, weil sie so ähnlich wohl vielfach auch bei anderen „Infizierten“ geschehen sein könnte. Man sieht jemanden fliegen und problemlos mit seinem Motor umgehen, und

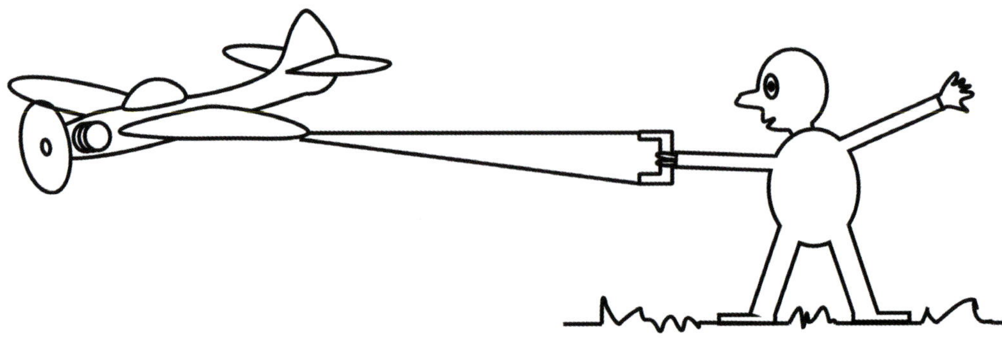

wenn man dann endlich selbst „sowas“ hat, fangen die Probleme so richtig an.

Wenn man heutzutage einen Modellflugplatz besucht und darauf achtet, welche Antriebe die Hobbykollegen benutzen, wird man feststellen, dass der Siegeszug der Elektromotoren offenbar nicht aufzuhalten ist. Er wird aber auch feststellen, dass bei den Verbrennern kaum noch die guten alten Glühzünder vertreten sind, sondern stattdessen meist ein Benziner eingebaut ist.

Das mag daran liegen, dass der Glühzündertreibstoff, zumal wenn Nitromethan verwendet wird, ganz schön teuer geworden ist und außerdem durch die stark gelichtete Modellbaugeschäftelandschaft nicht so einfach zu beschaffen ist. Das mag aber auch daran liegen, dass durch die gewachsene Modellgröße vermehrt mehr Hubraum nötig ist. Und das mag aber auch daran liegen, dass die Benziner in der Regel und auf Dauer problemloser laufen.

Um diese Benzin konsumierende Verbrennerantriebe geht es in diesem Buch, da auch der bravste Benziner schon mal von der Regel abweicht und „Zicken“ macht.

Auch wenn meine Themen stark 2-Takt ausgerichtet sind, passt doch Vieles auch zum 4-Takter.

Unter dem Titel „Hier riecht es nach Sprit“ habe ich in jeder Ausgabe der Zeitschrift „Bauen & Fliegen“ und danach in der FMT über die verschiedensten Themen

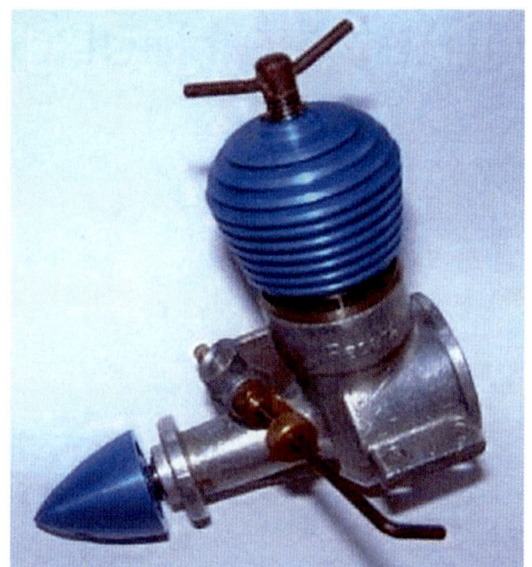

rund um den Benzinmotor geschrieben. Dabei haben die Leser mit ihren Fragen und Anregungen aktiv und befruchtend mitgewirkt. Dafür möchte ich mich bei den Lesern herzlich bedanken. Die vielen Zuschriften helfen mir, das Thema nicht abgehoben und wissenschaftlich zu behandeln, sondern ganz bodenständig und praxisbezogen. Manchmal erzähle ich auch nur, was mir oder anderen so passiert ist. Da ich es außerdem liebe, Dinge selber zu machen und nicht fertig zu kaufen, gibt es auch reichlich Selbstbauvorschläge und die dazugehörenden Fräsdateien findet man in der FMT-CAD-Bibliothek.

Zum wiederholten Mal darf ich mich bei meiner lieben Gattin Renate für ihre Geduld bedanken.

Unter die Haut gesehen

Normalerweise sollte es uns nicht interessieren, wie es innen in dem gerade gekauften neuen Benziner aussieht. Dafür ist der Hersteller verantwortlich. Aber wir sind ja Modellbauer und an allem Technischen interessiert und da ist es schon wieder normal, wissen zu wollen, wie es drinnen aussieht.

Es gab im Jahre 2009 von der Firma Pichler einmal einen „Motorenbausatz" eines 40-ccm-Einzylinder-Benziners. Der Motor kam komplett in Einzelteilen (Abb. 4) beim Kunden an und sollte nach einer ganz guten Beschreibung in Eigenleistung zusammengebaut werden. Ich hatte das Vergnügen, für die FMT damit einen Test machen zu dürfen.

In meiner Jugend gab es die sogenannten Kosmos-Kästen. Da wurde dem technisch neugierigen Jungen beigebracht, ein kleines Radio zu bauen oder einen Elektromotor zusammenzustellen. Wer das irgendwann einmal erfolgreich geschafft hatte, verstand dann umso besser, wie das gebaute Teil

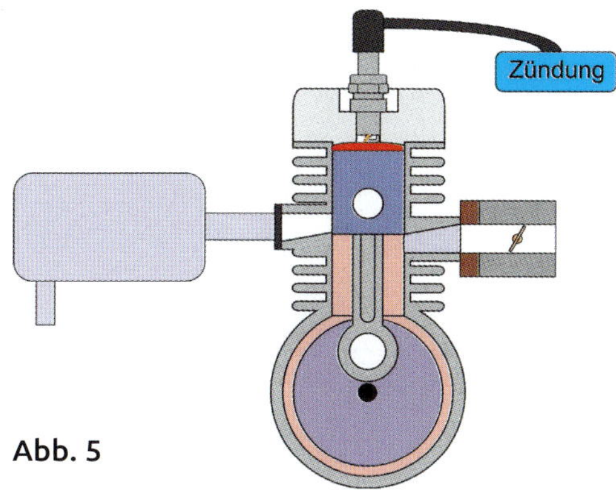

Abb. 5

überhaupt funktioniert. So war wohl auch der Hintergedanke bei dem Motorbausatz von Pichler. Oder wollte man nur die Montagekosten sparen? Das Foto mit den Bausatz-Einzelteilen zeigt auf jeden Fall ganz gut, aus welchen und aus wie vielen Teilen ein typischer 1-Zylinder-Benziner besteht.

Der Ursprung aller Benziner für den Modellflug waren Motoren, die von industriellen Anwendungen abgeleitet, bzw. umgebaut wurden. Typische Basis war eine Kettensäge oder eine Motorsense. Die Wurzeln solcher Ahnen kann man heute noch bei den beliebten ZGs von Toni Clark sehen, der vor langen Jahren einer der ersten Lieferanten von Benzinern für den Modellflug war. Das typische Merkmal solcher Motoren ist eine Kurbelwelle, die vorne und auch hinten herausragt und eine Kurbelwellenlagerung mit nur zwei Kugellagern (Abb. 6).

Meist haben die Kolben auch zwei Kolbenringe. Ein anderes typisches Merkmal ist aber auch, dass die „Dinger" eigentlich ewig halten. Die Zugkräfte vom Propeller werden über einen Sprengring aufgenommen, der vor dem ersten Lager sitzt. Abgedichtet wird das Motorgehäuse über Wellendichtringe. Die Lagerung mit nur zwei Kugellagern ist in einer Baumsäge auch völlig in Ordnung, da dort die Sägekette eine eindeutig nur radial ausgerichtete Belastung darstellt. Ein Propeller ist da ganz was anders. Dazu aber mehr in dem Kapitel „Etwas mehr Ruhe bitte".

Wenn so ein Motor von Grund auf für den Modellflugeinsatz konstruiert worden ist, hat er am vorderen Ende der Kurbelwelle zwei Kugellager. Das hintere Wellenende schaut nicht aus dem Gehäuse heraus und benötigt deshalb auch keinen Wellendichtring. So ein Wellendichtring kostet etwas Leistung, we-

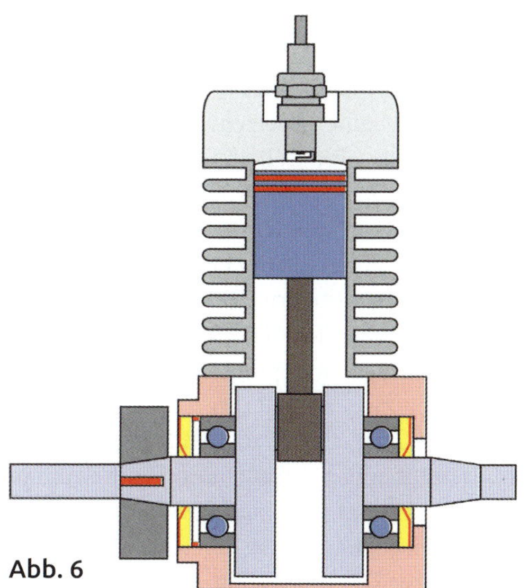
Abb. 6

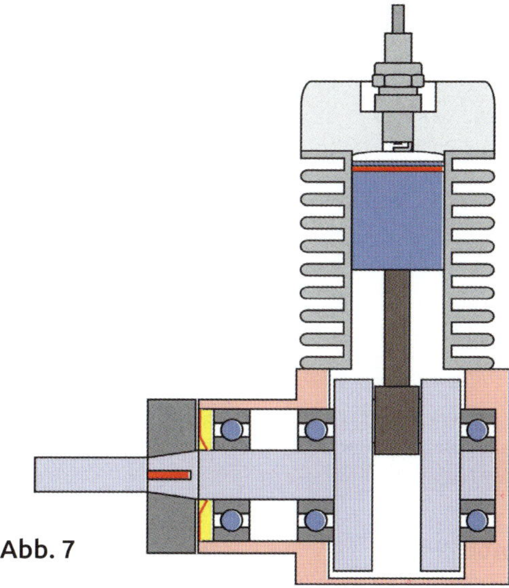
Abb. 7

Abb. 8

nig, aber immerhin. Deshalb haben viele Modellbenziner vorne auch keinen Wellendichtring mehr, sondern ein abgedichtetes Lager. (Sh. Kapitel Lager). Aus demselben Grund haben diese Motoren auch nur noch einen Kolbenring. Alle diese Maßnahmen dienen der Reduzierung der inneren Reibung (Abb. 7 & 8).

Die Kurbelwellen sind „gebaut", d.h. aus mehreren Teilen zusammengepresst (Abb. 9). Ein Drehteil vorne und ein Drehteil hinten werden mit einem gehärteten Bolzen verpresst. Das geschieht mit einem kräftigen Presssitz und sollte auch ewig halten. Bei einem Absturz ist aber manchmal die Ewigkeit zu Ende. Da beim Zusammenbau der Kur-

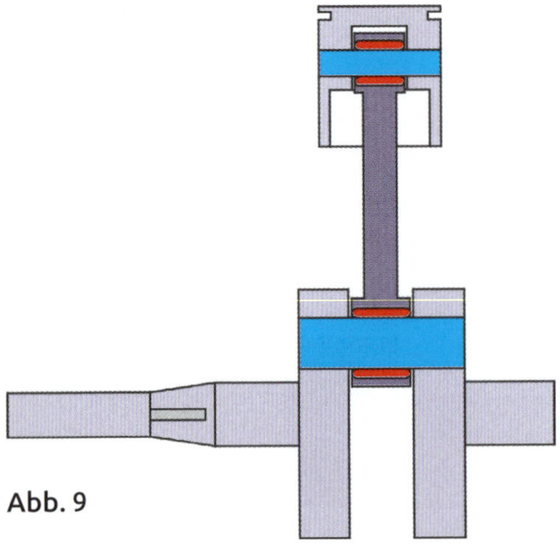
Abb. 9

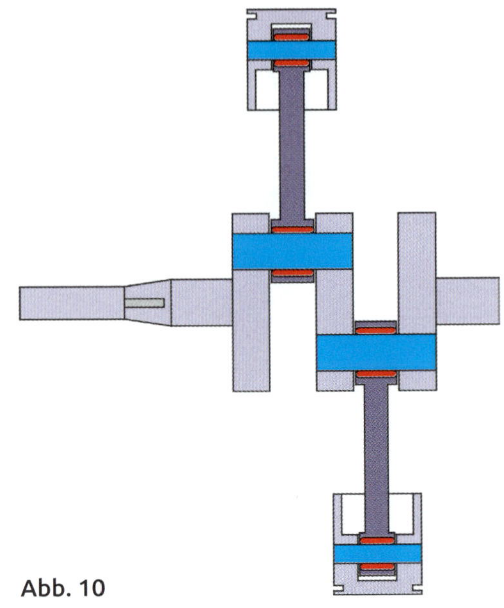
Abb. 10

belwelle auch gleich Pleuel und unteres Nadellager mit verbaut werden müssen, ist im Schadensfall dann eine komplette neue Einheit nötig. Es gibt allerdings auch einige wenige Firmen, die Kurbelwellen reparieren können, sh. Anhang.

Die Kurbelwelle eines Boxermotors ist ähnlich aufgebaut (Abb 10). Der Versatz der beiden Kurbelzapfen beträgt 180 Grad, damit beide Kolben synchron ein bzw. ausfahren. Auch diese Kurbelwellen sind verpresst und haben eine „freischwebende" Mittelscheibe, also eine Scheibe ohne eigene Kugellager.

Das ist bei der Kurbelwelle eines Reihenmotors anders. Die besteht im Grunde aus zwei Einzylinderwellen, die in der Mitte gekoppelt werden (Abb. 11). Das geschieht z.B. mit einer aufgepressten Hülse, auf der zusätzlich zwei Kugellager aufgezogen sind. Auch bei der 2-Zylinder-Reihenmotorwelle beträgt der Versatz der Kurbelzapfen 180 Grad, aber hier sind beide Kolben auf einer Seite. D.h., wenn der eine Kolben bei OT (oberer Totpunkt) steht, ist der andere bei

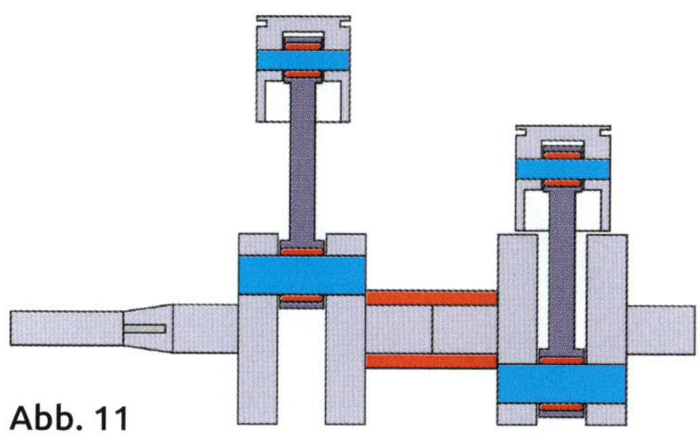

Abb. 11

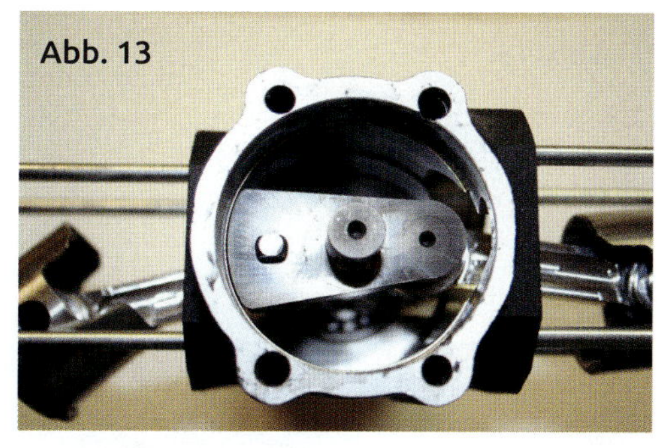

Abb. 13

UT (unterer Totpunkt). Die Verbindung der beiden Einzelwellen kann eine Problemstelle sein. Es sind eine ganze Reihe von Lösungen gebaut worden. Die meisten bauen auf einem Presssitz auf. Es gibt sogar Reihenmotorkurbelwellen, die verpresst und zusätzlich verklebt sind (!?).

Besonders bei einigen 4-Zylinder Boxermotoren hat diese Stelle Ärger gemacht. Hier hat die hintere Zylinderreihe zur vorderen 180 Grad Versatz, d.h., dass es zwei Zündungspaare je Umdrehung gibt. Die Kurbelwellenverbindung muss hier die volle Leistung der hinteren Zylinderreihe übertragen (Abb. 12). Wenn da ein ganz geringer Fluchtfehler im Gehäuse vorliegt oder das Gehäuse nicht superstabil gebaut wurde, wird die Kupplungsstelle sofort überlastet.

Wir wissen sicherlich alle, dass im technischen Bereich absolut nichts vorhanden ist, dass zu 100% fehlerfrei ist. Das ist natürlich auch bei den gepressten Kurbelwellen so. Im Laufe der Jahre habe ich so manche Kurbelwelle „in der Hand" gehabt und auch schon mal eine Rundlaufprüfung gemacht. Danach beurteile ich alles mit einem Rundlauffehler kleiner als 5/100 mm als akzeptabel. Eine wirklich rühmliche Ausnahme sind die Motoren von ROTO. Da gibt es zwar auch „gebaute" Kurbelwellen, die werden aber nach dem Verpressen noch einmal auf Rundlauf überschliffen (Abb. 13).

Ein übermäßiger Rundlauffehler der Kurbelwelle und/oder der Propellernabe mit der Zentralschraube kann die Ursache für eine unerwünschte Unwucht sein. Um so einen Rundlauffehler zu ermitteln, müsste normalerweise die Kurbelwelle mit ihren Anbauteilen in eine Drehmaschine gespannt werden und mit einer Messuhr abgetastet werden (Abb. 14).

Bei einem eingebauten Motor ist das so eine Sache, geht aber etwas mühseliger

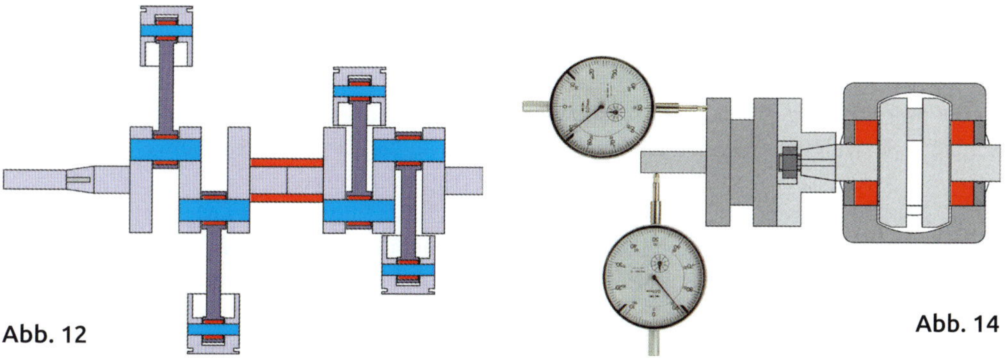

Abb. 12

Abb. 14

Abb. 15

auch. Kerze raus drehen, damit man den Motor von Hand leicht durchdrehen kann. Jetzt muss man irgendwie, aber stabil, direkt am Motor eine Messuhr anbringen. Da die Stative der Messuhren üblicherweise einen Magnetfuß haben, müsste man mangels magnetisierbarer Oberfläche am Motor erst einmal einen Stahlwinkel anschrauben, auf dem der Magnet dann hält. Ein FMT-Leser, der den Rundlauf seines Mokis überprüfen wollte, hat einfach eine Halterung für die Messuhr gebastelt und an die Flansche zur Motorbefestigung geschraubt (Abb. 15). Geht auch!

Seine Messung ergab am Zapfen 3/100 mm und am Mitnehmer 9/100 mm Schlag. Die Rundlaufabweichung des Zapfens mit 3/100 ist voll ok. Der Rundlauffehler des Mitnehmers ist zwar grenzwertig, aber nicht so interessant, da sich hier nur die Taumelbewegung der Anschraubfläche auswirkt, also 90 Grad zu seiner Messrichtung. Siehe Abbildung 14.

Wir betreiben die Motoren bekanntlich mit einem Benzin/Ölgemisch. Ich mische 1:30, andere gönnen ihren Benzinern weniger Öl und mischen 1:50 und Hasardeure versuchen es sogar mit 1:80-1:100.

Diese geringen Ölbeimischungen sind nur möglich, weil die Pleuelstange nadelgelagert ist. Trotz bester Lagerbronze wäre bei einer Gleitlagerung, speziell am unter Pleuelauge, deutlich mehr Öl im Sprit nötig.

Zum Glück ist das unter Pleuellager für die auftretenden Belastungen eigentlich zu groß und verträgt erheblich mehr als das kleinere obere Lager. Zum Glück deswegen, da es nicht tauschbar ist. Zum Lagerwechsel müsste die verpresste Kurbelwelle auseinander gebaut werden.

Die Zylinder unserer Motoren sind oft als sogenannte Sackzylinder konstruiert. D.h., dass der Zylinderkopf mit angegossen wurde, also integraler Bestandteil des Zylinders ist. Aus Gewichtsgründen wird bei Aluzy-

Abb. 16

lindern gerne eine dünne, aber superharte und verschleißfeste Beschichtung verwendet (Abb. 16). Genauso gut, aber etwas schwerer, sind eingesetzte Zylinderlaufbuchsen aus Grauguss, die nach einer vernünftigen Einlaufprozedur auch ein ganzes Modellflugleben halten. Allerdings verlieren Motoren mit so einer Laufbuchse nie so ganz eine schwarze Tönung des ausgeworfenen Öls (Abb. 16).

Bei 4-Taktern ist der Zylinderkopf ein separates Teil. Irgendwie muss man Ventile und Kipphebel einbauen können. Das Foto zeigt die wesentlichen Bauteile des 50er Kolm 4-Takters mit dem separaten Zylinderkopf. Wer genau hinsieht, wird auch feststellen, dass das obere Pleuellager ein Gleitlager ist. Anders als beim unteren Lager, das ja jede volle Kurbelwellenumdrehung mitmachen muss, gibt es beim oberen Lager nur eine Pendelbewegung (Abb. 17).

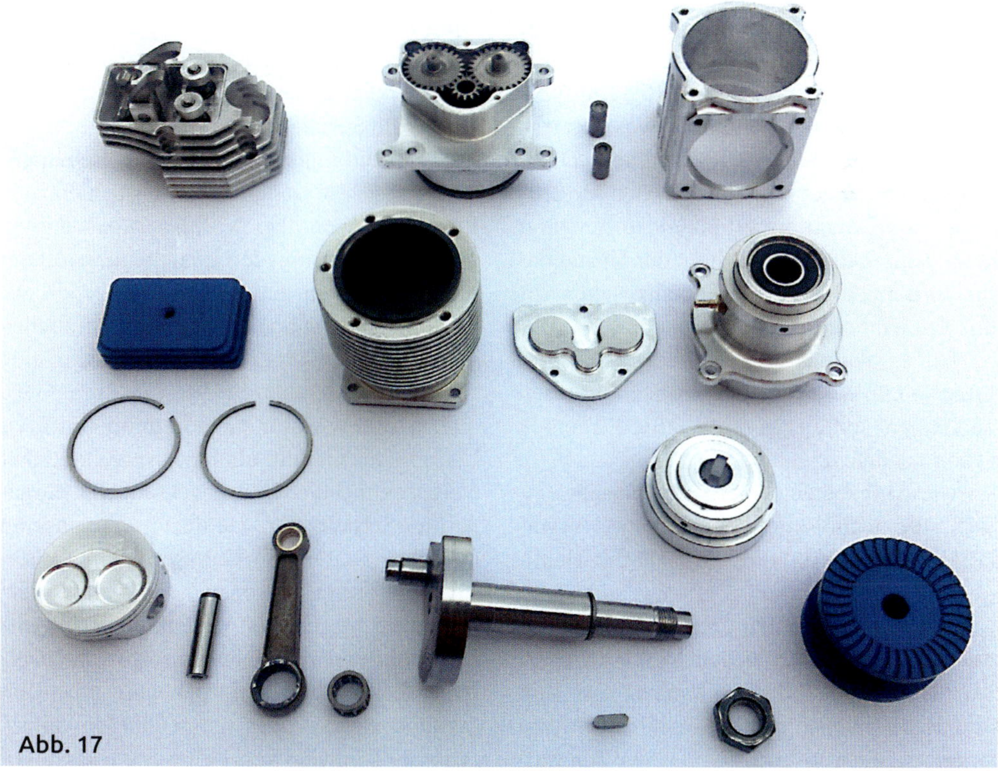

Abb. 17

Der Vergaser

Auch wenn ein Benziner aus einer ganzen Reihe von Baugruppen besteht, ist der Vergaser wohl das Element, mit dem sich alle Benutzer irgendwann einmal intensiver auseinandersetzen müssen.

Der besondere Vorteil eines Benziners als Modellmotor ist sicherlich sein normalerweise problemloser Betrieb. Wer morgens auf dem Weg zur Arbeit in sein Auto steigt, erwartet zu Recht, dass dieses Auto ihn wie selbstverständlich und unauffällig transportiert. Aber wenn dann doch mal was passiert, herrscht große meistens Ratlosigkeit. Diese Ratlosigkeit findet man auch auf den Modellflugplätzen, wenn der problemlose Benziner dann doch mal zickt. Oft liegt der Grund dafür im Bereich des Vergasers, also sehen wir uns den jetzt einmal genauer an.

Um im Falle eines Falles wirklich in der Lage zu ein, ein Problem selbstständig lösen zu können, sollte man die beteiligte Technik schon verstehen.

Die Aufgabe eines Vergasers ist sehr einfach, die technische Lösung schon etwas komplizierter. Ein Vergaser soll die richtige Spritmenge, passend zu der angesaugten Luftmenge dosieren und das Ganze auch noch möglichst fein in den Motor versprühen. Eigentlich soll das Gemisch aus Luft und Benzin sogar gasförmig in den Motor gelangen, aber so hoch wollen wir die Aufgabe gar nicht erst hängen. Die Arbeit wird für den Vergaser umso schwieriger, je größer der Bereich der nutzbaren Drehzahl ist. Bei meinem ersten Methanolmotor, einem Taifun Rasant, gab es nur einen so genannten Düsenstock, mit dessen Hilfe die Spritmenge solange reduziert wurde, bis bei einer einzigen Drehzahl, nämlich Vollgas, das Optimum erreicht war. Man hätte dasselbe auch erreichen können, wenn man durch Zusammenkneifen des Spritschlauchs mit einer Zange die Spritzufuhr verringerte.

Wir verlangen von unseren Benzinern aber, dass sie einen möglichst niedrigen Leerlauf haben, bei Vollgas super drehen und auch noch in jeder Zwischengasstellung ohne zu murren laufen. Das Pünktchen auf dem „I“ ist dann noch, dass beim plötzlichen Gasgeben der Motor auch noch wie eine Renn-Honda hochdreht.

Da unser Motor ein Flugmodell antreiben soll, kommt nur ein lageunempfindlicher Vergaser infrage. Das bedeutet, alle Vergaser mit Schwimmer, wie dazumal in unseren Autos sind tabu. Die Vergasertypen der Methanol-Motoren wären prinzipiell möglich, sind aber wegen des Methanolbetriebs alle für einen viel zu hohen Treibstoffdurchsatz gedacht. Bei Benzinbetrieb wäre eine Einstellung extrem „nervös“, außerdem müssten wir möglicherweise eine Spritpumpe er-

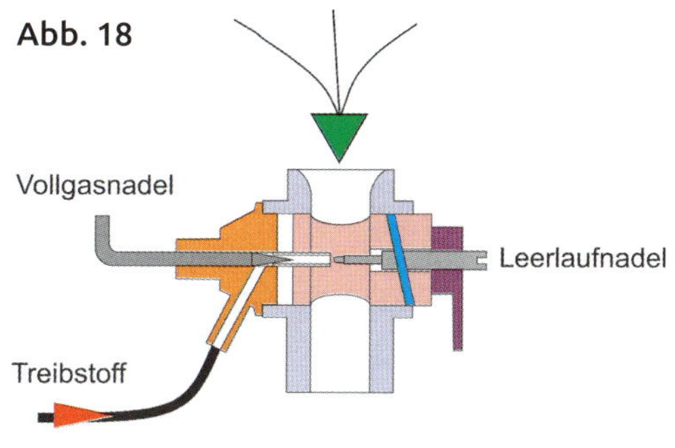

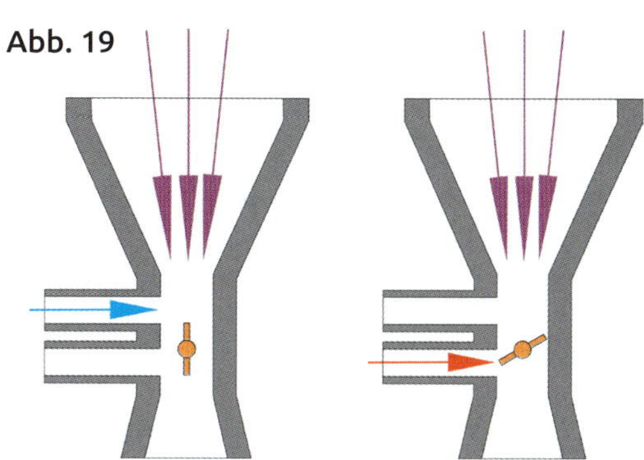

gänzen. In Sachen Vergaser sind sich fast alle Motorenhersteller einig, es kommen nur sogenannte Membranvergaser zum Einsatz.

Um die Vorgänge bei den verschiedenen Drehzahlbereichen unseres Motors besser kennenzulernen, schauen wir uns zuerst einmal einen „einfachen“ Methanolvergaser an (Abb. 18).

Bei Vollgas ist alles so, wie bei meinem ersten Rasant. Eine Düsennadel wird solange verstellt, bis der Motor seine höchste Leistung abgibt. Das heißt ganz einfach, dass man das richtige Verhältnis zwischen der eingesaugten Verbrennungsluft und der Treibstoffmenge gefunden hat. Wenn man mit dieser Nadeleinstellung das Drosselküken schließen würde, würde mit Sicherheit nach kurzer Zeit der Motor stehen bleiben, da jetzt ein anderes Verhältnis Luft/Treibstoff nötig ist. Zuerst hat man versucht mit dem Öffnen einer kleinen Zusatzöffnung mehr Luft beizumischen, um das Gemisch magerer werden zu lassen. Das war aber meistens eine unsichere Sache. Erst als man den sogenannten Zweinadelvergaser erfunden hatte, kam Sicherheit in den Drosselbetrieb der Methanoler. Bei Verdrehen des Drosselkükens wurde gleichzeitig eine kleine Axialbewegung durch eine schräge Kulisse eingeleitet, wodurch eine zweite Düsennadel die Öffnung der Hauptdüse verengen konnte. So war mit der zweiten Nadel eine unabhängige Einstellung des Drossellaufs möglich. Die Zwischengasbereiche waren damit aber nicht automatisch auch abgedeckt.

Von unseren Benzinern verlangen wir aber ein Laufverhalten, das bei jeder Drehzahl stimmt. Um das zu erreichen, muss der Vergaser auch „wissen“, welche Drehzahl der Motor gerade machen soll. Dazu wird der Unterdruck im Saugrohr gemessen und mit diesem Wert über ein Membran-gesteuertes Regelventil die Spritmenge geregelt.

Zum besseren Verständnis der unterschiedlichen Betriebszustände eines Membran-Vergasers muss man einen physikalischen Vorgang gut verstehen (Abb. 19). Wenn Luft durch ein Rohr (Venturirohr) strömt, das an einer Stelle eingeengt ist, dann hat die Luft an dieser Stelle die höchste Geschwindigkeit und den niedrigsten Druck. Wenn an dieser Stelle ein Röhrchen liegt, in dem z.B. Benzin ist, wird das Benzin angesaugt (blauer Pfeil). Jetzt kann diese Engstelle durch die Formgebung des Venturirohrs gebildet werden oder auch einfach durch z.B. die Drosselklappe im Vergaser. Beim Verdrehen der Drosselklappe wird irgendwann der Venturiquerschnitt an dieser Stelle kleiner als die formgegebene Einengung. Also herrschen jetzt hier die höhere Luftgeschwindigkeit und ein niedrigerer Druck. Jetzt wird das Benzin aus dem Röhrchen mit dem roten Pfeil angesaugt.

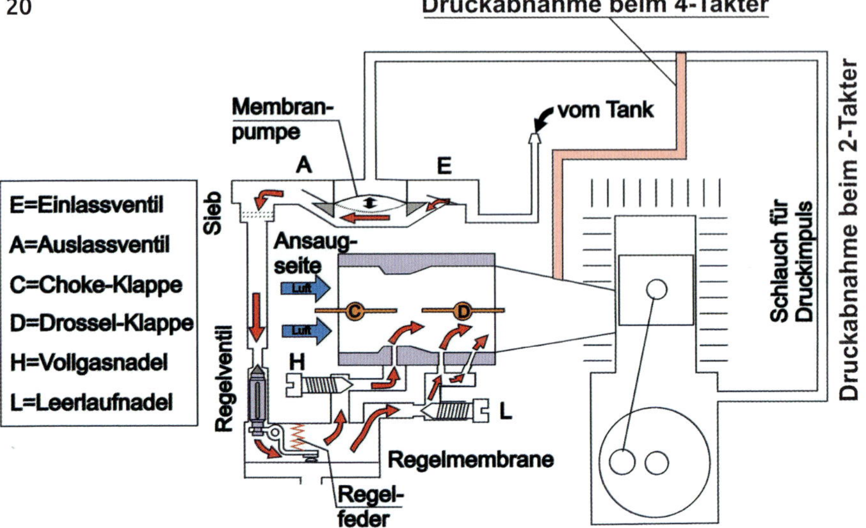

Das Bild (Abb. 20) zeigt den prinzipiellen Aufbau eines Membranvergasers. Der Aufbau ist bei allen Herstellern, ob Walbro, Tillotson, Bing oder bei den vielen chinesischen Derivaten gleich.Schauen wir uns zuerst einmal die verschiedenen Komponenten so eines Vergasers an.

Da gibt eine kleine Spritpumpe, deren Pumpenmembran über die Druckschwankungen im Motorgehäuse angetrieben wird. Das ist zumindest beim Zweitaktmotor so, da ja bei dem durch das Auf und Ab des Kolbens ganz nennenswerte Druckunterschiede im Gehäuse entstehen. Beim 4-Takter fehlt dieser starke Druckimpuls aus dem Gehäuse, da es gegenüber der Atmosphäre offen ist. Hier nehmen die meisten Motorhersteller stattdessen das deutlich kleinere Druckniveau im Ansaugtrakt ab.

Über die Membranpumpe kommt der Treibstoff bis an ein Regelventil, das wiederum über eine Druckmembran betätigt wird. Das Regelventil ist federbelastet und macht nur auf, wenn aus dem Saugrohr des Vergasers ein entsprechender Unterdruck die Membran des Ventils gegen die Feder zieht und damit den Regelkegel anhebt. Wenn man in einen Vergaser reinschaut, sieht man, dass der Querschnitt sich an einer Stelle etwas verengt. An dieser Stelle saugt der Motor aus einer kleinen Düse bei Vollgas den erforderlichen Sprit an. Die genaue Sollmenge wird mit der Düsennadel „H“ einjustiert. Bei manchen Vergasern ist an dieser Stelle ein kleines Rückschlagventil eingebaut, das nur bei Vollgas öffnet. Unterhalb dieser Düse, die auch nur ein kleines Loch sein kann, liegen noch eine oder zwei weitere Bohrungen für die niedrigeren Drehzahlen. Wird die Drosselklappe mehr und mehr geschlossen, ergibt sich jetzt zwischen der Kante der Drosselklappe und der Vergaserinnenwand die höchste Luftgeschwindigkeit, wodurch aus den zusätzlichen Bohrungen Benzin abgesaugt wird. Die genaue Menge stellt man nun an der „L“- Nadel ein. Wie man an dem Prinzipbild des Vergasers leicht ersehen kann, sind aber die „H“ und die „L“ Nadel nicht unabhängig voneinander.

Leider sind die Membranvergaser ursprünglich NICHT für den Betrieb im Flugmodell gedacht gewesen. Sie wurden für den

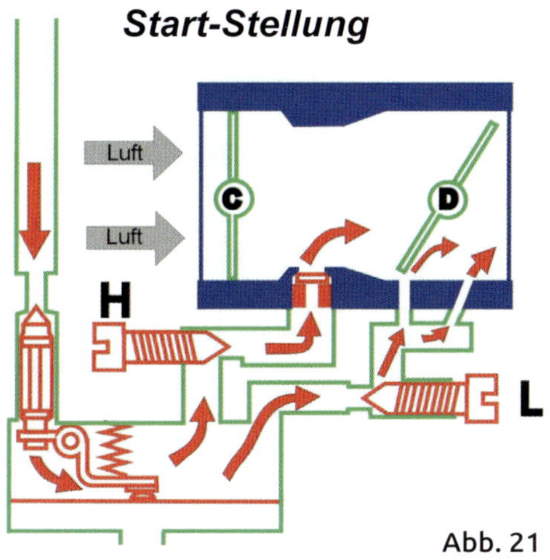

Abb. 21

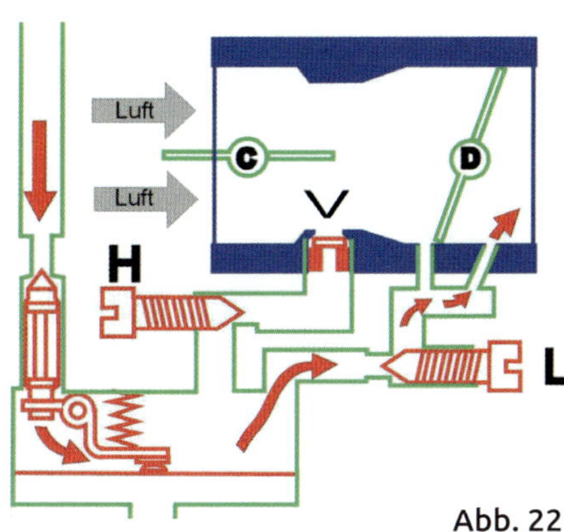

Abb. 22

Einsatz in Motorsensen oder Baumsägen gebaut und es bedarf schon ein paar Tricks, um sie beim Modellmotor problemlos betreiben zu können. Die meiste Arbeit, nämlich das Anpassen des Vergasers an den Motor hat zum Glück der Motorhersteller schon erledigt.

Ehe wir unseren Vergaser einstellen, sollten wir die unterschiedlichen Betriebszustände genauer ansehen. Der Einfachheit halber fehlt in den Skizzen die Benzinpumpe.

Zum Starten des Motors wird mit geschlossener Chokeklappe (C) und leicht erhöhter Leerlaufeinstellung der Drosselklappe (D), Benzin angesaugt. Da die Chokeklappe den Ansaugtrakt quasi verschließt, herrscht im Vergaserkanal ein erheblicher Unterdruck, der das Nadelventil völlig öffnet und wodurch aus allen Einspritzbohrungen Treibstoff austritt (Abb. 21).

Bei der ersten hörbaren Zündung muss die Chokeklappe wieder geöffnet werden, da sonst der Motor „absäuft“. Die meisten Vergaser haben ein kleines Loch in der Chokeklappe, also ein bewusstes Leck. Beim Handanwerfen ist das manchmal schon ein zu großes Leck und behindert die Ansaugerei. Dazu komme ich in einem anderen Kapitel noch einmal zurück. Die beiden Düsennadeln „L“ und “H“ haben in dieser Stellung keinen Einfluss, solange sie nicht völlig geschlossen sind (Abb. 22).

Bei geöffneter Chokeklappe und mit der Drosselklappe in Leerlaufstellung gibt es nur einen nennenswerten Unterdruck (Saugdruck) unterhalb der Drosselklappe, wodurch der Treibstoff nun den Weg über die „L“-Nadel nehmen muss, der Weg über die „H“-Nadel ist außer Funktion.

Wird jetzt bei laufendem Motor die Drosselklappe weiter geöffnet, bleibt der Einfluss der „L“-Nadel allein solange aktiv, wie über die Einspitzbohrungen, die unterhalb der Drosselklappe liegen, die höhere Unterdruck gemessen wird (Abb. 23).

Ab einer gewissen Drosselklappenöffnung herrscht an der Engstelle des Vergasereinlaufs der höchste Unterdruck. Hier liegt die Einspritzbohrung, die mit der „H“-Nadel beeinflusst werden kann. Ein eventuell vorhandenes Rückschlagventil an dieser Stelle hat jetzt voll aufgemacht.

Teillast-Stellung

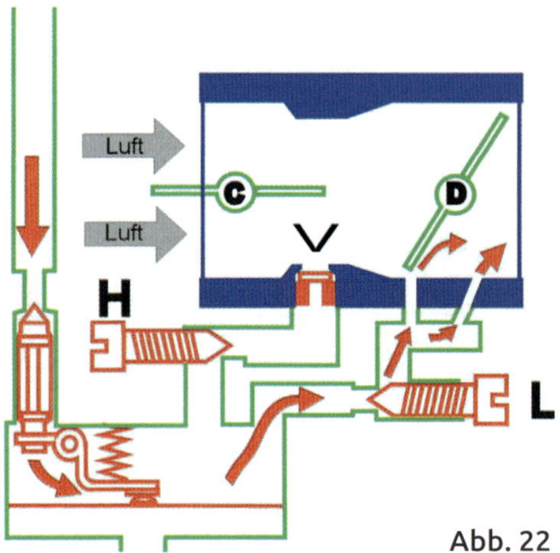

Abb. 22

Es dürfte jetzt klar sein, dass die beiden Düsennadeln je nach Unterdruckverteilung im Vergaser mehr oder weniger oder sogar gleichzeitig auf die Spritmenge Einfluss nehmen können (Abb. 24).

Auch wenn wir unseren Motor mit den beiden Düsennadeln direkt beeinflussen können, findet intern im Vergaser über die Regelmembran und das dazugehörige Ventil immer eine Grund-Spritmengenregelung

Vollgas-Stellung

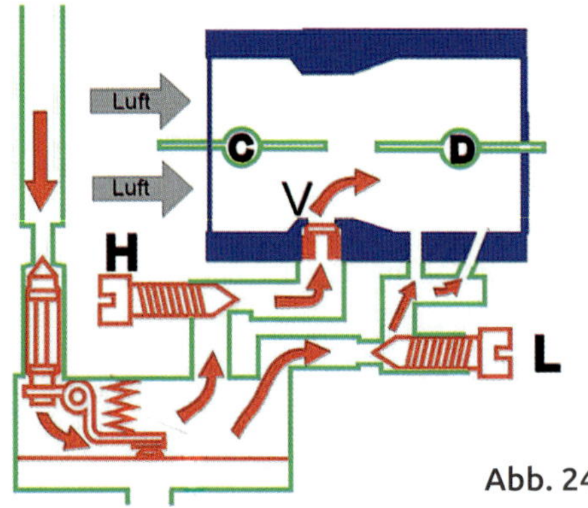

Abb. 24

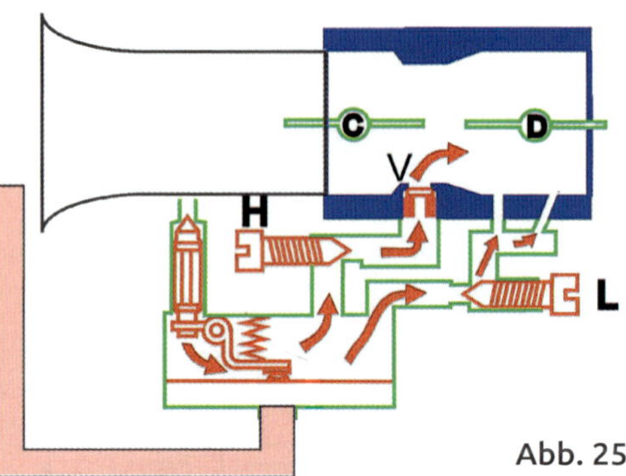

Abb. 25

statt. Als unsere Autos noch Vergaser hatten, hat diese Funktion das Schwimmerventil übernommen.

Im Membranvergaser öffnet das Regelventil nur, wenn die Membran die kleine Regelfeder niederdrücken kann. Dazu ist ein entsprechender Unterdruck im Vergaserquerschnitt im Vergleich zum atmosphärischen Druck nötig. Es findet also ständig quasi eine Berechnung statt nach folgender Logik:

Regelventil auf = Atmosphärischer Druck größer als Druck im Vergaser und größer als Federkraft.

Es findet also immer ein Vergleich statt zwischen Drücken plus Federkraft im Vergaser und dem Umgebungsluftdruck. Manchmal wird ein Motor so eingebaut, dass der Ansaugtrichter des Vergasers in den Rumpf hineinragt, der Motor mit dem Rest des Vergasers aber getrennt unter der Motorhaube liegt. Dann „schnüffelt“ die Regelmembran möglicherweise ein anderes Druckniveau als das, das vor der Vergaseröffnung herrscht. In dem Fall ist es ratsam, auf dem Blechde-

Abb. 26

ckel des Vergasers mit dem Schnüffellloch ein Röhrchen zu löten und die Schnüffelöffnung nach vorne vor den Vergaser zu verlegen (Abb. 25 & 26).

In jedem Fall sollten die Vergaser an unseren Benzinern irgendeine Art Ansaugtrichter haben. Auch auf dieses Thema kommen wir in einem anderen Kapitel noch einmal ausführlich zurück.

Doch genug der Theorie, sehen wir uns so einen Vergaser einmal genauer an. Wie immer hat auch der Vergaser mehrerer Seiten.

Auf einer Seite ist die Benzinpumpe untergebracht. Diese Seite erkennt man daran, dass der Deckel aus Guss besteht. Das ist bis auf ganz wenige Ausnahmen bei allen Herstellern so.

Wenn wir diesen Deckel abnehmen, sollten wir das auf einem sauberen großflächigen Tuch tun, damit man alle Teile auch wieder findet. Ganz wichtig ist es jetzt darauf zu achten, in welcher Reihenfolge die Teile abgebaut wurden. Also zuerst die Schrauben, dann der Deckel und jetzt kommt es darauf an: als Nächstes kommt die Dichtung herunter und ganz zum Schluss die eigentliche Pumpenmembran. Dann findet man noch ein kleines Siebchen, das in der Bohrung zum Regelventil einfach stramm eingeschoben ist. Wer beim Zusammenbau des Vergasers versehentlich zuerst die Dichtung aufs Vergasergehäuse legt und dann erst die Pumpenmembran, braucht sich nicht zu wundern, dass sein treuer Benziner auf einmal überhaupt nicht mehr laufen will. An der Pumpenmembran sind zwei kleine Kläppchen angeformt, die als Einlass, bzw. Auslassventil für die Pumpe arbeiten sollen. Das können sie aber nur machen, wenn sie direkt auf dem Vergasergehäuse aufliegen (Abb. 27).

Wenn ich um Rat gefragt wurde, warum ein Motor auf einmal nicht mehr saugen will, dann war es in mindestens der Hälfte der Fälle so, dass zuerst die Dichtung und dann die Membran montiert worden sind. Selbst bei einem Motor, der gerade zum professionellen Service beim Lieferanten geschickt worden war, ist so ein Fehler schon vorgekommen.

Die Benzinregelung befindet sich auf der anderen Seite des Vergasers, auf der Seite mit dem Bleckdeckel.

Ein Kegelventil dichtet solange federbelastet eine Bohrung ab, aus der auf der an-

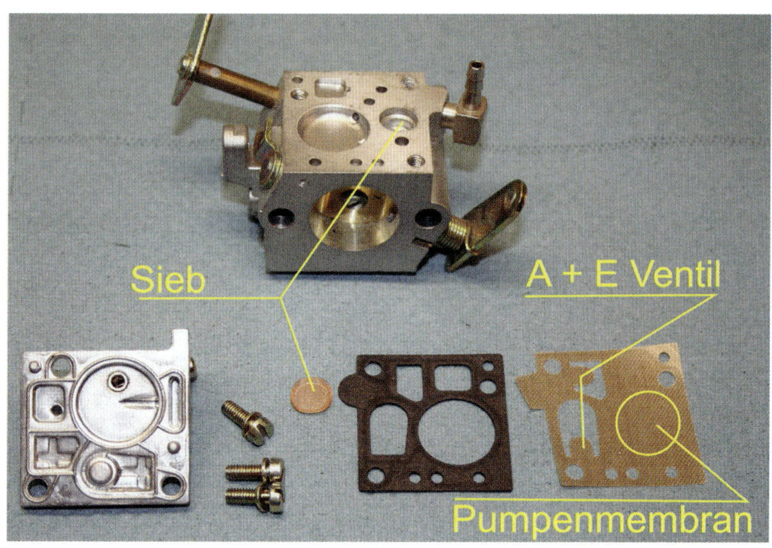

Abb. 27

deren Vergaserseite Benzin eingespeist wird. Das ist die Bohrung mit dem kleinen Siebchen. Ein Winkelhebel, unter dem die Feder zum Ventilschließen liegt, liegt genau mittig unter der Regelmembran. Den Winkelhebel gibt es als starres Plastikteil, aber auch (verbiegbar) aus Blech geformt. Aus der Kammer, die vom Vergasergehäuse zusammen mit der Membran gebildet wird, gehen die Einspritzbohrungen in den Vergaserventuri. Es gibt noch eine kleine Zwischenkammer, die bei manchen Vergasern mit einer separaten Klappe verschlossen ist. Da gehen dann die beiden Düsennadelbohrungen für Vollgas bzw. Leerlauf rein.

Wenn hier das richtige Verhältnis zwischen der Federkraft, der Form des Winkelhebels und der Lager der Membran nicht stimmt, kann der Motor nicht sauber laufen. Erst einmal ist das Alles tabu und man sollte ohne genau zu wissen, was man macht, hier keine Veränderungen vornehmen. Deshalb ist es auch so wichtig, dass auf dieser Vergaserseite zuerst die Dichtung auf das Vergasergehäuse kommt und dann erst die Membran. Also genau umgekehrt wie auf der Pumpenseite.

Die Regelmembran hat einen angenieteten Aludeckel, damit die Membrankraft auch sicher am Hebel ankommt. Bei manchen Vergasern hat der Winkelhebel sogar einen kleinen Schlitz, in den ein angenieteter Zapfen der Membran eingreifen muss. Wer bei der Montage der Regelmembran vergisst, den Zapfen am Hebel einzuklinken, wird wieder keine Freunde an seinem Motor haben. In diesem Vergaserbereich haben kleine Irrtümer große Folgen.

Isolierplatte

Zwischen dem Vergaser und dem Motorgehäuse, bzw. dem Zylinder liegt immer ein isolierendes Kunststoffteil (Abb. 28). Das ist entweder eine separate Platte oder man nimmt den Kunststoff des Flatterventils als Isolator. Auf jeden Fall ist an dieser Stelle eine thermische Trennung vorgesehen. Warum?

Wir haben einen tollen Flug hingelegt und schalten nach der Landung den Motor aus. Weil es so schön war, wird sofort wieder getankt und versucht den Motor zu starten. Der will aber nicht. Zwischen Vergaser und Motor war bei diesem fiktiven Motor KEINE Isolierscheibe eingebaut. Dadurch konnte der heiße Motor im Stillstand den restlichen Treibstoff im Vergaser bis zur Blasenbildung aufheizen. So kann kein Vergaser arbeiten.

Abb. 29

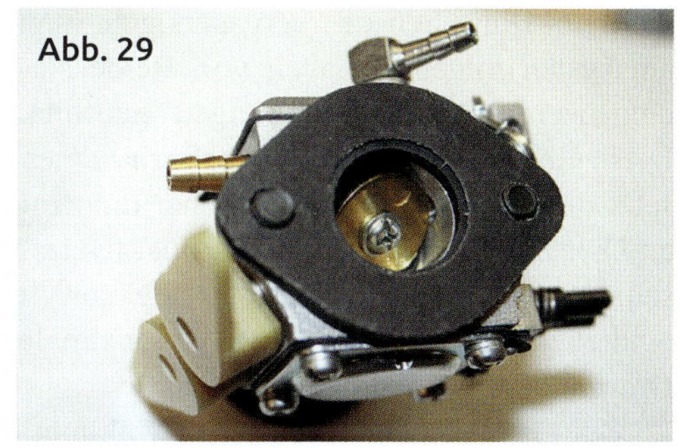

In der Luft hat die ständige frische Spritzufuhr den Vergaser wunderbar und permanent gekühlt, wodurch er auch perfekt arbeiten konnte. Mit der Isolierplatte dazwischen würde der Vergaser auch nach dem Abstellen kalt bleiben und die Blasen würden sich erst gar bilden.

Eine Platte von ca. 5 mm reicht völlig aus (Abb. 29 &29.1).

Abb. 28

Abb. 29.1

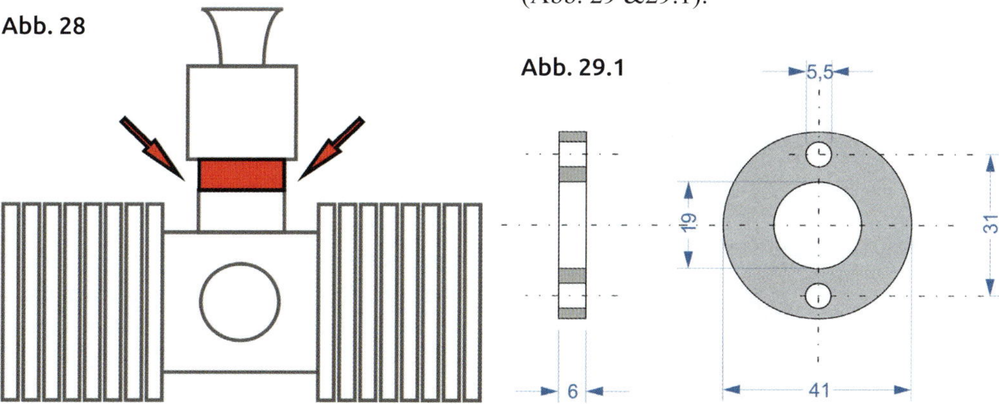

Der richtige Dreh

Beim Einstellen des Vergasers geht man am besten folgendermaßen vor. Beide Nadeln werden 1½ Umdrehungen geöffnet. Diese Grundeinstellung passt nahezu immer. Jetzt den Motor anwerfen und bei moderater Drehzahl einige Minuten warmlaufen lassen. Dann bei Vollgas die „H"-Nadel soweit eindrehen, bis deutlich hörbar die maximale Drehzahl erreicht ist.

Bei der Einstellerei ist ein Drehzahlmesser ganz nützlich. Wer einen der chinesischen Motoren hat, kann den dazu passenden, sehr preiswerten Drehzahlmesser an die Zündung direkt anschließen. Dazu ist entweder ein separater dreipoliger Stecker direkt an der Zündbox vorhanden oder man nimmt das Y-Kabel, das mit dem Drehzahlmesser geliefert wurde. Damit schleift man den Drehzahlmesser in die Leitung von der Zündung zum Hallsensor am Motor. Ein Hand-Drehzahlmesser geht natürlich auch, bedarf aber im Handling deutlich mehr Vorsicht und sollte von einer zweiten Person bedient werden.

Abb. 30

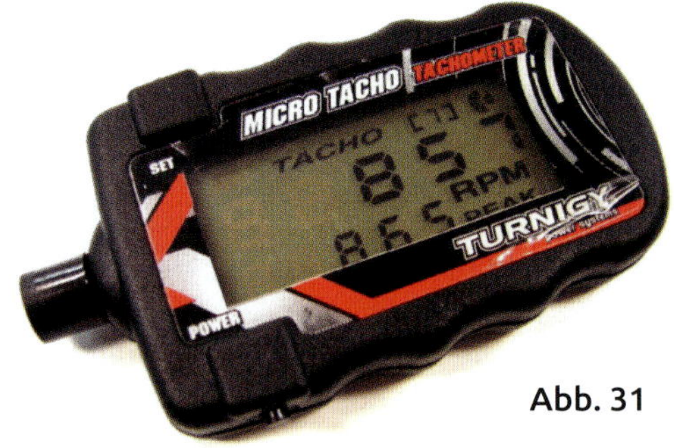

Abb. 31

Ein weiteres kleines Hilfsmittel, das man ganz schnell selbst herstellen kann, steigert die Sicherheit beim Motoreinstellen ganz gewaltig. Ich meine einen Schraubendreher, der nicht von den Düsennadeln abrutschen kann. Man nimmt einen überzähligen Schraubendreher, dessen Klinge etwas breiter als der Schraubenkopf der Düsennadel ist, und umschließt die Klinge mit einem Stückchen Messingrohr. Ich habe das Messingrohrstück ganz einfach mit Sekundenkleber fixiert. Dieser Schraubendreher kann auch bei Vollgas und bei einem schwingenden Motor nicht von der Düsennadel abrutschen und gibt den eigenen Fingern eine

Abb. 32

Menge Sicherheit. Man kann sich so einen Spezialschraubendreher natürlich auch fertig kaufen.

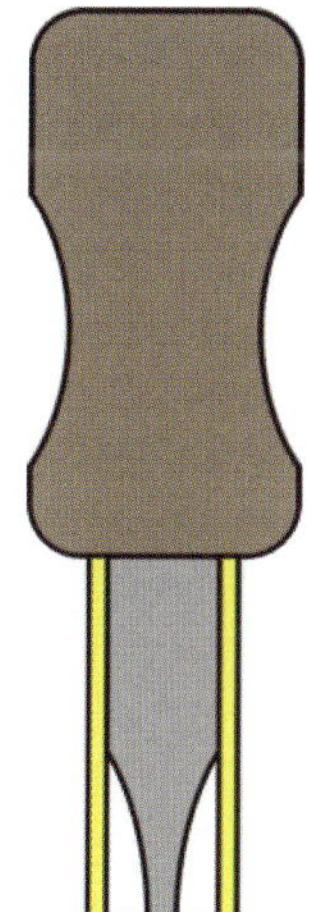

Abb. 32.1

Zurück zum Einstellen. Der Motor ist bei Vollgas auf maximale Drehzahl eingestellt worden.

Jetzt wird die Drosselklappe mit dem Servo soweit zugefahren, dass der Motor gerade noch läuft. Nun kommt die „L"-Nadel ins Spiel. Sie wird soweit zugedreht, bis auch bei Leerlauf die HÖCHSTMÖGLICHE Drehzahl erreicht ist. Man hört die Drehzahlsteigerung ganz deutlich, auch ohne einen Drehzahlmesser zu nutzen. Natürlich läuft der Motor jetzt im Leerlauf viel zu hoch. Mit dem Drosselservo wird die Drehzahl nun wieder auf das niedrigste mögliche Niveau gesenkt. Das wird man ein paar Mal machen müssen, so lange, bis bei Vollgas und bei Leerlauf ein sauberes und rundes Laufen erreicht ist. Anders als bei den Vergasern der Methanolmotoren wird beim Benzin-Membranvergaser die Vollgasnadel auf maximale Drehzahl, also magerste Position eingestellt. Die Membranpumpe und das Regelventil sorgen dafür, dass auch beim „Turnen" und „Nasehochalten" immer genügend Sprit zum Motor kommt.

Die Gemisch-Einstellungen für Vollgas und für Leerlauf stimmen jetzt ganz prima und wir geben aus der Leerlaufstellung mal plötzlich Gas. Wahrscheinlich wird der Motor absterben, aber zumindest sich schwer tun, auf Drehzahl zu kommen. Leider haben die Konstrukteure der Membranvergaser nicht an uns Modellflieger gedacht und haben vergessen, eine Beschleunigerpumpe einzubauen. Jeder Motorrad- oder Autovergaser hat so etwas. Damit wird beim plötzlichen Durchdrücken des Gaspedals eine kleine Zusatzmenge Benzin in den Vergaserhals gespritzt, die dem Motor beim Beschleunigen auf die Sprünge hilft. Die fehlende Beschleunigerpumpe ist der Grund, warum unser Modellmotor trotz super eingestellter „H"- und „L"-Nadeln beim Beschleunigen abstirbt. Wir müssen als Kompromiss die „L"-Nadel wieder etwas herausdrehen, also fetter einstellen. Ich mache es meinen Motoren mit einem Kompromiss immer etwas leichter, in dem ich die Programmier-Möglichkeiten meines Senders mit nutze. Ich verlangsame das Hochfahren des Drosselservos um 0,8 bis 1 Sekunde und brauche dadurch die magere Einstellung der „L"-Nadel nur geringfügig verlassen.

Im praktischen Betrieb ist das langsamere Laufen des Drosselservos nicht zu merken, da durch die Masse des Motors ein schnelleres Beschleunigen meist eh nicht geht.

Wenn wir die Grundeinstellung unseres Motors einmal zufriedenstellend gefunden haben, gibt es keinen Grund mehr dafür, JEMALS wieder an den beiden Düsennadeln drehen müssen. Wenn doch, dann ist immer ein Grund vorhanden. Dann wird aber nicht wild gedreht, sondern der Grund gesucht.

Wenn man dann seinen Motor einmal gut eingestellt hat, braucht man beim nächsten Motor wahrscheinlich die Drehzahlmesser nicht mehr, dann haben die Ohren genügend Schulung gehabt.

Mit oder mit ohne Loch?

Im Kapitel über den prinzipiellen Aufbau des Membranvergasers habe ich auf das Loch in der Chokeklappe hingewiesen.

Wir sollten uns immer wieder vor Augen halten, dass unsere Membranvergaser nicht für die Benutzung im Flugmodell konstruiert und gebaut wurden, sondern für Baumsägen und ähnliche lageunabhängige Geräte. Das sind alles Anwendungen, die meist einen Seilzugstarter haben. Deshalb haben alle Chokeklappen eine gewollte Leckage in Form einer kleinen Kerbe oder einer Bohrung. Mit einem Seilzugstarter wäre es sonst zu schnell möglich, den Motor „absaufen“ zu lassen. Wir starten unseren Benziner aber meist von Hand. Da stört dieses Loch in der Chokeklappe deutlich. Wir helfen uns manchmal, indem wir mit dem Finger den Vergaser zum Ansaugen schließen. Geht nicht, wenn das Ganze unter der Motorhaube verschwunden ist. Ich habe dieses Problem bei meinen Motoren dadurch gelöst, dass ich das Loch in der Klappe einfach zulöte.

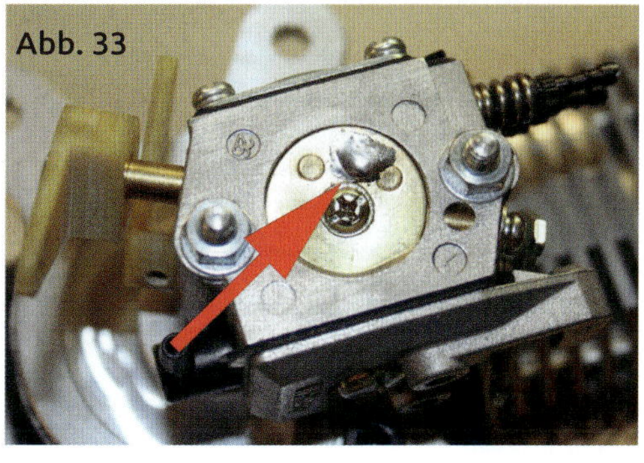
Abb. 33

Die Chokeklappe sollte man möglichst nie herausschrauben, da die Zentralschraube etwas verstemmt ist, damit sie nie in den Motor reinfallen kann. Wenn das passiert, kann man gleich einen neuen Motor kaufen. Also, wenn gelötet wird, nur im eingebauten Zustand. Benutzen Sie auch kein Lötfett, das enthält eine leichte Säure, die, wenn sie ins Gehäuse tropft, dem Motor auch nicht gut bekommt. Ich nehme einen 80-Watt-Lötkolben und normales Elektronikerlot.

Ich muss jetzt aber auch eine deutliche Warnung aussprechen!

Wenn ein Motor gut läuft und auch gut anspringt mit einem Loch in der Chokeklappe, dann bitte unter keinen Umständen etwas ändern, es wird mit Sicherheit nicht noch besser.

Vor und nach dem Vergaser

Die Vergaser an unseren Benziner sind ursprünglich für mobile Motorgräte, wie z.B. Baumsägen entwickelt worden. Diese Geräte haben alle auf der Ansaugseite des Vergasers irgendeine Art Luftfilter. Der Vergaser saugt also nicht direkt aus der freien Luft, sondern durch einen Schaumstoff gefüllten Kasten, so wie bei dem im Bild 34 gezeigten Motor aus der Modellautoszene. Wenn der Vergaser diesen Luftfilter nicht hat, sprüht er eine ganze Menge Sprit unkontrolliert in die Gegend, ölt damit das ganze Modell ein und verbraucht dadurch erheblich mehr Treibstoff. Also gehört da vorne ein Ansaugtrichter dran. Die Verlängerung der Ansaugstrecke verhindert sicher das Heraussprühen des Benzins und senkt dadurch merklich den Treibstoffverbrauch. Leider liefern nicht alle

Abb. 34

Abb. 35

Hersteller ihre Motoren mit so einem Trichter aus. Also heißt es mal wieder, selbst etwas zu bauen.

Aber ehe wir dazu kommen habe ich eine Frage: Kennen Sie den Italiener Giovanni Battista Venturi? Wenn Sie im Physikunterricht aufgepasst haben, dann sollten Sie diesen Namen schon mal gehört haben. Venturi

Abb. 36

hat im 18. Jahrhundert des letzten Jahrtausends den nach ihm benannten Venturi-Effekt entdeckt. Was hat der alte Italiener mit seinem Effekt beim Thema Benzinmotoren zu suchen? Trotz angebauter Ansaugtrichter saut der Reihenmotor auf dem Prüfstand gewaltig Sprit heraus. Also trotz Trichter ein veröltes Modell, mit einem unnötigen Spritverbauch. Bei einer Ausschnittvergrößerung des Fotos 36 kann man es sehr deutlich sehen. Warum ist das so?

Beide Vergaser sitzen derart im Luftstrom, dass die Trichteröffnungen parallel oder besser ausgedrückt, tangential angeströmt werden. Wenn, so sagt Venturi, der Windgott Aeolus in Form eines 28-Zoll-Propellers heftig an den Vergasern vorbei bläst, dann wird Sprit oder noch genauer eine gewisse Menge Luft/Spritgemisch aus den Vergasern rausgerissen. Der schnell fließende Luftstrom erzeugt nämlich einen Unterdruck, der diese Wirkung hat.

Die Lösung des Problems ist recht einfach, man muss sicherstellen, dass der Kühlluftstrom nicht parallel/tangential zur Vergaseröffnung fließt. Es ist also ein Ansaugtrichter nötig, dessen Ansaugöffnung abgewinkelt zur Anblasrichtung liegt. Das

Abb. 37

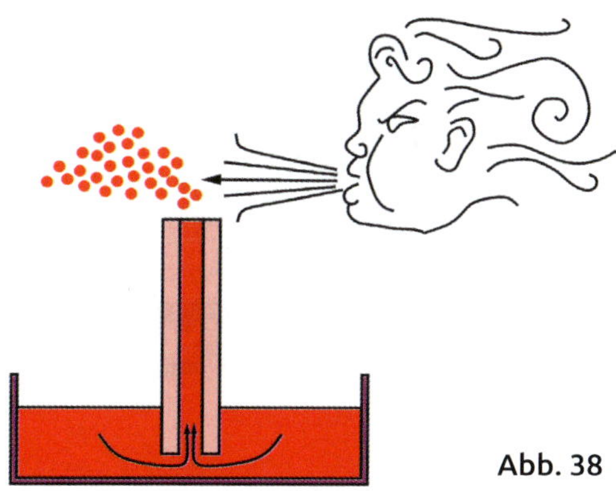
Abb. 38

Abb. 39

müssen nicht unbedingt 90 Grad sein, eine deutliche Schräglage reicht schon völlig aus. Bei diesem Boxer von 3W (Bild 40) ist das perfekt gelöst.

Oder man winkelt den ganzen Vergaser so ab, dass wieder die Ansaugöffnung nicht parallel angeströmt wird. Ehe wir dran gehen, einen Ansaugtrichter zu kaufen oder zu bauen, sollten wir etwas über die richtige Form nachdenken. Am einfachsten wäre, es ein Stück gerades Rohr mit einem Flansch zu versehen und vor den Vergaser zu schrauben. Das hat allerdings einen aerodynamischen Haken. An den Kanten des geraden Rohrstücks entstehen kräftige Wirbel, die die eingesaugte Luftströmung partiell abbremsen und so wie eine Einschnürung des Querschnitts wirken. Das könnte Leistung kosten.

Abb. 40

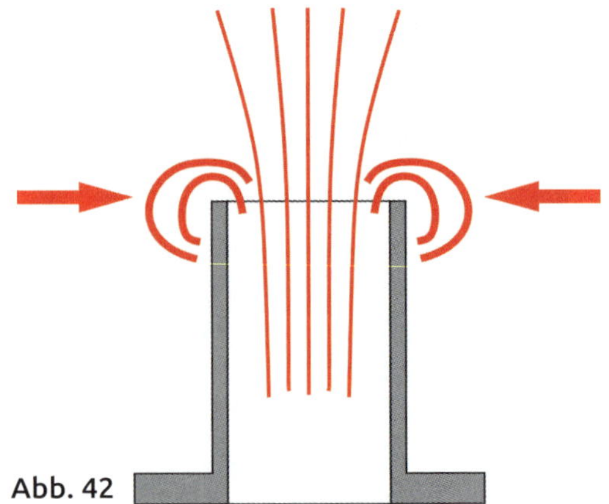
Abb. 42

Abb. 41

Ideal wäre eine sanft geschwungene Trompete, deren Rand gut ausgerundet ist. Noch besser wäre eine dicke schwulstige Lippe am Lufteinlass, sagen zumindest die Aerodynamiker. Ich habe noch nie konkrete Vergleichsmessungen gemacht und kann mithin nicht sagen, ob das noch „etwas bringt“ oder nicht. Ein guter Kompromiss, auch aus fertigungstechnischer Sicht, dürfte ein Trompetentrichter sein, dessen Rand gut gerundet, also nicht scharfkantig ist. Aber wir sollten auch nicht den geraden, nicht trompetenförmigen Trichter vergessen, wenn er an der Einlaufkante gut gerundet ist.

Wenn wir uns ansehen, was von der Industrie an Ansaugtrichtern angeboten wird, dann kommt der Trichterbausatz von Toni Clark dem Idealbild schon sehr nahe. Von

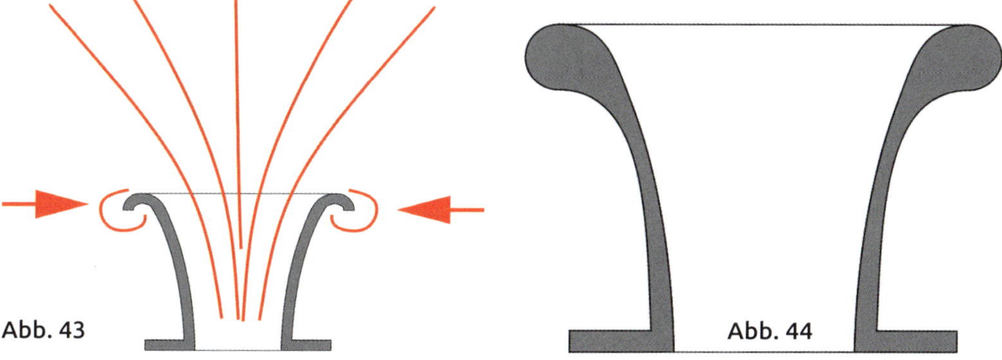

Abb. 43

Abb. 44

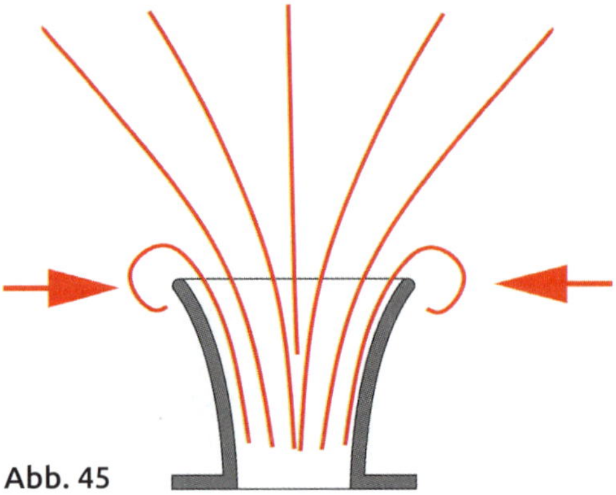

Abb. 45

Abb. 47

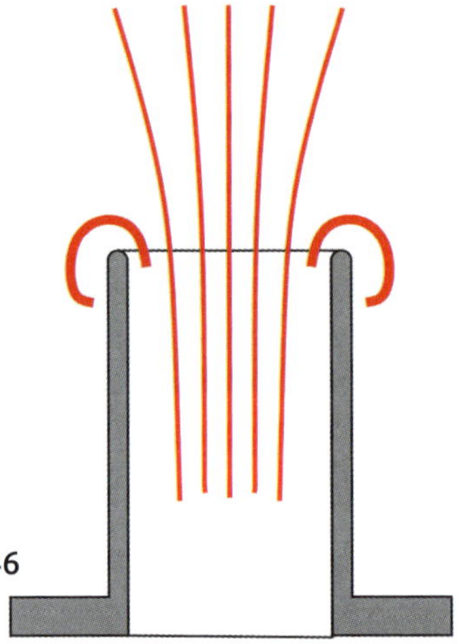

Abb. 46

Abb. 48

den diversen Händlern, die mit den verschiedenen chinesischen Motoren handeln, gibt es auch fertige Trichter zu kaufen. Bei den beiden Chinabeispielen (Bilder 48 &49) sieht man aber auch gleich eine Problemstelle. Die Befestigungsschrauben sind sehr dicht, manchmal zu dicht, am Außendurchmesser des Trichters platziert. Der Lochabstand der Befestigungslöcher nahezu aller Vergaser ist mit 31 mm zum Glück genormt, nur bei den ganz großen beträgt er 46 mm. Wenn ein Vergaser mit 31 mm Lochabstand eine sehr große Venturiöffnung hat, dann gibt es schnell Platzproblem für die Schrauben.

Abb. 49

Jetzt geht es ans Selberbauen, das macht doch mehr Spaß! Fangen wir mit den geraden Trichtern an. Wer eine Drehmaschine hat oder einen Freund, der so etwas hat, kann sich leicht aus Alu oder festem Kunststoff ei-

Abb. 50

Abb. 53

nen Trompetenrohling herstellen. Nach dem Drehvorgang sollte das Teil poliert werden. Wenn man die Länge des Trichters clever auslegt, kann man ganz leicht mit demselben Grundkörper verschiedene Trichterdurchmesser realisieren. Das hat den unschätzbaren Vorteil, dass man mit einer Form eigentlich jeden Vergaserquerschnitt abdecken kann.

Nachdem das Drehteil gut (!) gewachst wurde, werden zwei Lagen 80 g/m² Köper-Glasgewebe herumlaminiert. Köper hat den Vorteil, sich leicht an jede Krümmung anpassen zu lassen. Außen darf das Laminat ruhig etwas rau aussehen, es kommt nur auf das Innere an. Nach dem Ausformen wird der überlange Trichter an der Stelle abgeschnitten, der vom Durchmesser her zum Vergaserquerschnitt passt. Der Befestigungsflansch aus einer GFK-Platte wird mit UHU Endfest 300 verklebt. Das Aushärten im Backofen sollte jetzt aber nur bei 80 Grad passieren, dafür aber eine halbe Stunde lang. Wer gesteigerten Wert auf Optik legt, kann das Harz schwarz einfärben, funktionieren tun sie aber auch in der natürlichen Harzfarbe.

Abb. 51

Abb. 52

Ein typischer Einsatzort eines geraden Trichters ist ein Motor mit Heckvergaser. Da empfiehlt es sich sogar den Trichter leicht aufwärts zeigen zu lassen, da so überzähliger Sprit nicht so leicht in den Rumpf abfließen kann.

Wie bereits erwähnt, gibt es bei größeren Venturi-Öffnungen bei Vergasern mit 31-mm-Lochabstand schon mal Platzprobleme die Schrauben unterzubringen. Da geht dann ein völlig anderer Trichter problemlos. Man klebt ein paar Lagen GFK oder Pertinax aufeinander, bis etwa 15 mm zusammenkommen. Daraus dreht man eine massive Einlauflippe, die genauso so gut funktioniert wie ein Trichter.

Abb. 54

Abb. 55

Abb. 56

Genug vom geraden Trichter, jetzt bauen wir einen gebogenen.

Bei mittleren Vergaserquerschnitten nehme ich gerne die Kunststoffkrümmer von Scheuber. Einen Flansch absägen und die beiden Befestigungslöcher bohren ist schnell gemacht. Jetzt muss nur noch die Schnittkante sanft gerundet werden. Das geht am besten mit dem Feinbohrschleifer. Scheuber hat übrigens auch einen superlangen geraden Ansaugtrichter, den man perfekt auf die benötigte Länge kürzen kann.

Bei großen Vergasern kann man ein passendes Syphonrohr aus dem Baumarkt abschneiden und einen Flansch aus GFK mit UHU Plus Endfest 300 dran kleben. 10 Minuten bei 100 Grad im Backofen reichen zum Aushärten. Das übersteht jede Belastung am Motor. Meine Frau hat zum Glück einen Umluftofen, sodass der leichte Harzgeruch ganz schnell wieder verschwindet. Hier fehlt natürlich jegliche Abrundung am Lufteinlauf, aber zum schnellen Probieren reicht das auch.

Eine ganz tolle Methode zur Herstellung einer Vergaserumlenkung oder auch eines Trichters ist die Folgende: Zuerst muss

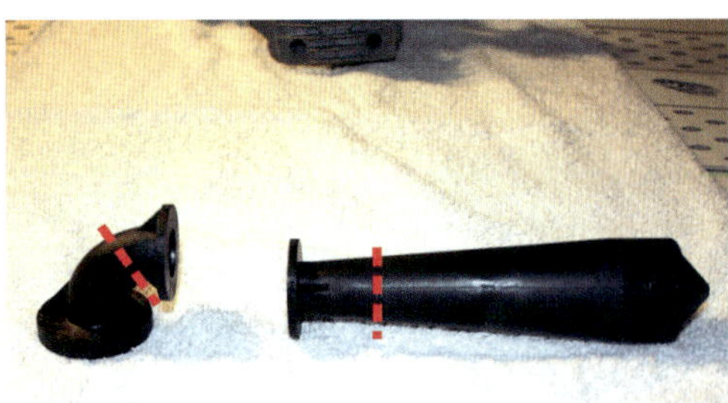
Abb. 57

Abb. 58

man den Durchmesser des Vergasers messen, hier im Beispiel 19 mm. Danach wird ein Bogen gesucht, der als Kern für den Rohrbogen dienen kann. Der Außendurchmesser des Bogens muss mindestens genau gleich sein wie der Innendurchmesser des Vergasers oder leicht größer. Ein Edelstahlbogen mit 18 mm Innendurchmesser hat einen Außendurchmesser von 19,5 mm. Passt! Die Baumärkte sind für solche Sachen wahre Fundgruben. Man kann eigentlich jedes Material verwenden, das eine gewisse Festigkeit mitbringt, Kupfer, Edelstahl, Stahl oder auch Kunststoff. Als Nächstes braucht man entweder einen Kohlefaser- oder Glasfaserschlauch, wie ihn z.B. R&G liefert oder stattdessen ein paar Reste von Köper-Glasfasergewebe. Für die Flansche bieten sich fertige GFK-Platten mit 2-3 mm Dicke an, die man aber auch leicht aus Glasfaserresten zusammenlaminieren kann. Der Rohr-Bogen wird gut gewachst und am besten noch mit PVA-Trennmittel bestrichen. Darauf kommen zwei Lagen des GFK/CFK-Schlauchs oder entsprechende Lagen des Köpergewebes.

Der Kohlefaserschlauch muss länger als der Bogen sein, damit man noch etwas zum Greifen hat. Das Ganze muss dann 24 Stunden aushärten. Der Kohlefaserschlauch wird mit der dünnen Feinbohrschleifer-Trennscheibe durchgeschnitten, sodass man zwei Halbschalen hat. Die Halbschalen können dann abgenommen und mit 5-Minuten-Kleber zusammengeklebt werden. Für die endgültige Festigkeit kommen auf die beiden zusammengeklebten Halbschalen noch mal 4-5 Lagen Gewebeschlauch, die stramm mit Tesafilm umwickelt werden. Nach weiteren 24 Stunden haben wir einen innen perfekt glatten und superstabilen GFK/CFK-Rohrbogen, der nur noch mit zwei Flanschen versehen werden muss. Die werden in bewährter Art mit UHU Plus Endfest 300 verklebt. Wer möchte, kann zur Verstärkung noch zusätzliche Dreiecke verkleben.

Für einen Ansaugtrichter geht man sehr ähnlich vor, außer dass jetzt kein Rohrbogen als Grundform dient, sondern ein Holzteil dafür hergestellt werden muss.

Da so eine Trichterform „rotationssymmetrisch“ ist, bietet es sich an, das Holzteil in einer Drehmaschine zu drechseln. Es geht aber auch völlig problemlos mit einer einfachen Bohrmaschine, wenn man als Drehachse z.B. eine Schraube einklebt.

Das so entstandene Modell wird mit Tesafilm oder Paketklebeband umwickelt, gewachst und mit 4-5 Schichten Glasfaser/Kohlefaserschlauch belegt. Danach wieder eng mit Tesa umwickeln. Nach dem Trocknen den Tesafilm abziehen und auf die ge-

Abb. 59

Abb. 60

Abb. 61

Abb. 62

wünschte Länge schneiden und den Formkern rausnehmen. Der Ansaugtrichter wird dann an den Flansch geklebt, genau wie der Umlenkbogen auch.

In diesem Kapitel haben wir nur über den Ansaugtrichter an sich gesprochen, ohne daran zu denken, dass die Spritregelung im Vergaser unbedingt die Druckverhältnisse um und besonders vor dem Vergaser messen können muss. Da ist dann eventuell eine „Schnüffelleitung“ bis vor dem Ansaugtrichter nötig, siehe Kapitel Vergaser!

Manchmal zwingen die Platzverhältnisse unter der Motorhaube dazu, den Vergaser „umzulenken“, also mittels Winkelstück nach hinten oder vorne schauen zu lassen. Für einige Motoren gibt es so etwas zu kaufen, z.B. für die ZG-Motoren hat Toni Clark entsprechende Gussteile im Programm. Ein allgemein nutzbares 90 Grad Winkelstück, gibt es bei Dieter Scheuber.

Der Bogen ist auch aus einem gespritzten Kunststoff und recht stabil ausgeführt. Die nötigen Befestigungsbohrungen sind noch anzubringen. Denkt dran, dass der Lochabstand unserer Vergaser mit 31 mm genormt ist. Und nur bei diesem Lochabstand passt der Winkel von Scheuber. Ich mache mir immer eine kleine Pappschablone mit den beiden 5,5-mm-Befestigungslöchern und schneide diese Schablone mit dem genauen Außendurchmesser des Flansches am Rohrbogen aus. Dadurch habe ich außen eine genaue Führung für die Schablone und bin sicher, dass die Löcher nach dem Bohren auch passen. Überlegt Euch rechtzeitig, in welcher Winkellage der Vergaser liegen soll, schließlich wollt Ihr ja noch an die Düsennadeln kommen und die Schubstangen zu den Vergaserhebeln sollten auch schön geradlinig in den Rumpf geführt werden können. Eine Kunststoff Isolierplatte gegen die Motorhitze erübrigt sich mit so einem Krümmer natürlich. Wegen der Elastizität des Materials sollte man aber den Vergaser am Motor abfangen, damit auch bestimmt nichts ins Schwingen kommt.

Wenn selbst dieser Kunststoff-Rohrbogen noch zu weit nach außen baut, kann man so ein Teil natürlich auch aus Metall selbst

Abb. 63

herstellen. Im Baumarkt gibt es fast immer ein passendes Kupferfitting, aus dem wir eine Vergaserumlenkung zusammenlöten können – mit Hartlot!

So ein Selbstbau erlaubt es auch, den Vergaser mit mehr als 90 Grad umzulenken. Im Beispielfoto ist so etwas dargestellt. Der Vergaser mit seinem Spritschlauch hätte anders partout nicht unter die Motorhaube gepasst. Bei einem Metallkrümmer darf auf keinen Fall die Isolierplatte unter dem Vergaser vergessen werden. Genauso wenig darf vergessen werden, der Membranpumpe den nötigen Druckimpuls über eine separate Schlauchleitung zu geben. Wenn vorher keine separate Leitung vorhanden war und der Druckimpuls vom Motorgehäuse direkt in den Vergaserfuß geleitet wurde, muss man in den motorseitigen Fußflansch des Krümmers genau über dem Impulsloch im Gehäuse ein Messingröhrchen in den Flansch löten. Wegen der Temperaturen macht man das auch am besten mit Hartlot.

Wer eine CNC-Fräse zur Verfügung hat, kann auch diese Art eines Krümmers ganz leicht herstellen.

Ein im Durchmesser passendes Kupferfitting wird mit zwei aus GFK Material gefrästen Flanschen versehen. Zur Verstärkung kommt noch ein „Angst“-Bogen dazu. Alles

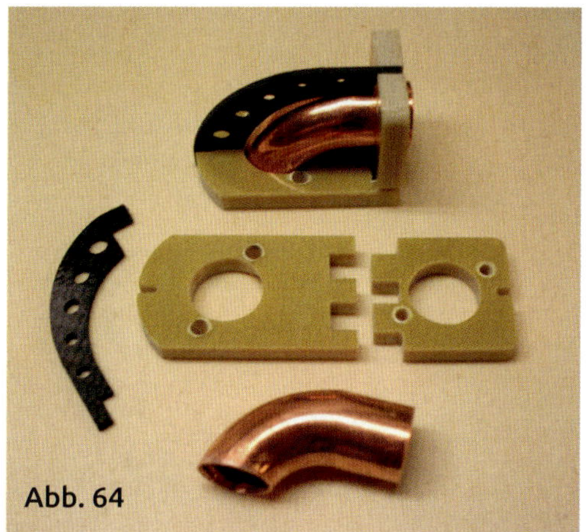
Abb. 64

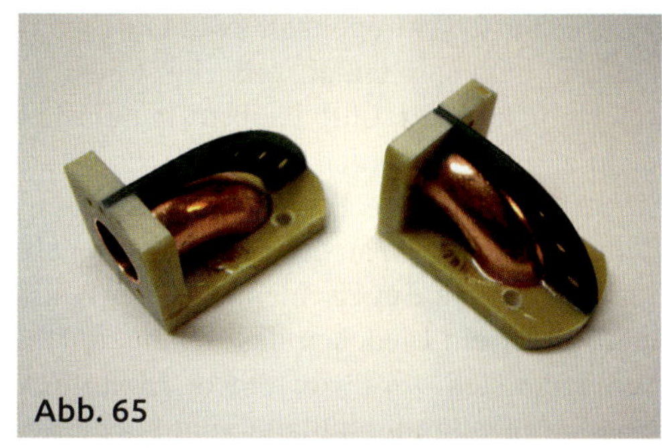
Abb. 65

wird wieder mit UHU Plus Endfest 300 im Backofen verklebt und hält ewig!

Viele Regeln bei 2-Taktmotoren sind nicht wissenschaftlich erarbeitet, sondern basieren auf empirischen Werten. Manchmal sind es vielleicht sogar nur gefühlsmäßig aufgestellte Regeln. So eine Regel habe ich vor langen Jahren von einem damals schon altgedienten 2-Takt-Freak gelernt. „Der Querschnitt des Vergasers darf sich nach dem Vergaser möglichst nicht um mehr als 10% vergrößern.“

Was bedeutet das? Nehmen wir einmal an, dass der Vergaserdurchmesser an der Unterseite 20 mm beträgt. Dann sollte der Querschnitt des Innendurchmessers z.B. eines Selbstbau-Krümmers nicht mehr als 10% größer sein. Auf den Durchmesser umgerechnet heißt das: Nicht größer als 20,98 mm. Die beiden roten Kreise im Bild 66 sind maßstäblich gezeichnet. Die 10%tige Vergrößerung ist mit bloßem Auge kaum zu erkennen! Da wir eine derartige Auswahlmöglichkeit im Baumarkt nicht vorfinden werden, sollten wir uns über die möglichen Konsequenzen vorher klar werden.

Abb. 66

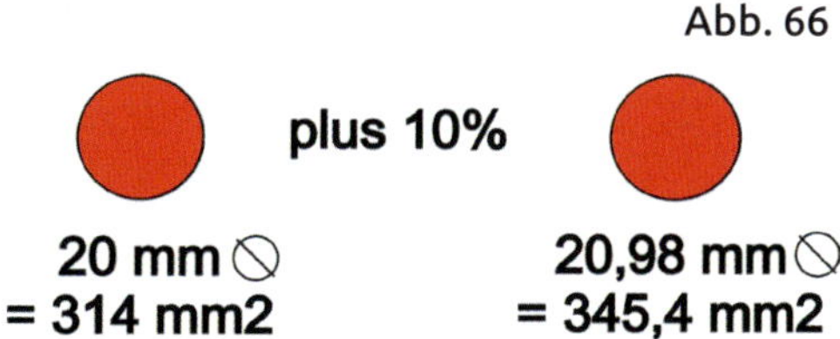

Die alte 2-Taktregel soll zwei Dinge vermeiden helfen. Einmal soll die Fliessgeschwindigkeit des Luft/Treibstoffgemisches nicht zu niedrig werden und zweitens sollen sich möglichst keine Treibstofftröpfchen aus dem Gemischstrom an der Rohrwandung absetzten. Unsere Segelschlepper können hin und wieder ein Liedchen davon singen. Das Schleppmodell wird von einem Motor mit einem großvolumigen Flatterventil angetrieben. Die Volumenänderung nach dem Vergaser ist wegen des Flatterventils aus konstruktiven Gründen deutlich größer als 10%. Jetzt muss der Schlepppilot mal wieder lange auf das Einhängen der Schleppleine warten, der Motor läuft schon einige Minuten im Leerlauf. Ist der Schleppzug endlich startklar, gibt der Pilot Vollgas und der Motor hustet auf den ersten Metern heftig oder stirbt vielleicht sogar ganz ab. In der Leerlaufphase hat sich eine Menge überschüssiger Treibstoff in der Querschnittvergrößerung angesammelt. Der Effekt wird verstärkt durch die adiabatische Abkühlung aus der Druckreduzierung im Bereich der Querschnittsvergrößerung. Wird nach der Leerlaufphase wieder Gas gegeben und die Strömungsgeschwindigkeit wird wieder größer, werden die Tröpfchen mitgerissen und müssen erst einmal per überfetter Verbrennung „entsorgt" werden. Clevere Schlepppiloten halten Ihr Modell deshalb noch mal fest und geben erst einmal langsam Gas, um dann erst zu starten. Ich hatte auch einmal so einen Motor. Durch Einbau eines etwas kleineren Flatterventils war das Problem zu beseitigen. Motoren mit Kolbensteuerung oder Drehschiebersteuerung haben dieses Problem fast nie. Da gibt es diese Querschnittvergrößerung ganz selten.

Wenn also nichts genau Passendes im Durchmesser aufzutreiben ist, sollte man lieber den nächst kleineren Durchmesser wählen.

Die Einlasssteuerung

Wie immer führen auch bei der Steuerung des einströmenden Frischgemischs mehrere Wege „nach Rom“.

Hier hat es der 4-Takt-Motor am einfachsten. Es gibt ein Einlass- und ein Auslassventil. Beide sind unabhängig voneinander über eine Nockenwelle ganz exakt steuerbar.

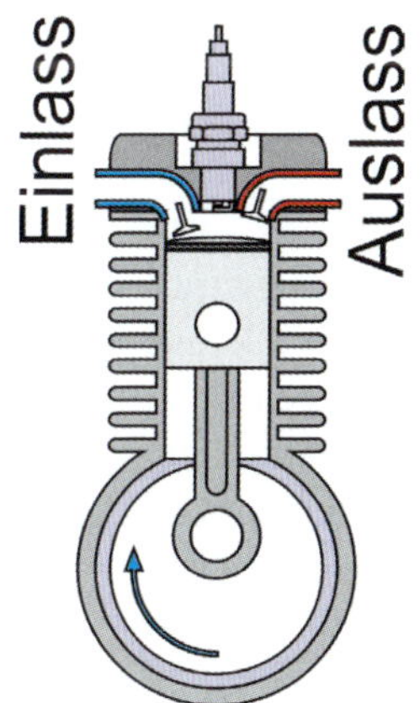

Abb. 67

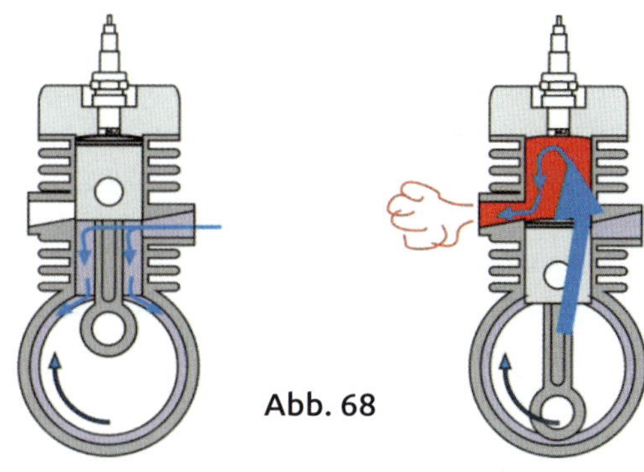

Abb. 68

Wie man sieht, ist hier der Zeitpunkt des Einströmens nicht ganz frei wählbar. Das einströmende Gasgemisch ist nur in einem gewissen – eingeschränkten – Rahmen mit der Höhe des Einlassfensters und der Länge des Kolbenmantels beeinflussbar. Der Nachteil ist, dass diese Motorenart zwar unge-

Der 2-Takter tut sich damit deutlich schwerer. Die einfachste Methode ist die sogenannte Kolbensteuerung. Beim Aufwärtsgang des Kolbens öffnet die Kolbenunterkante den Kanal zum Vergaser und lässt Frischgas in das Kurbelgehäuse strömen. Es wird sogar eingesaugt, da der Kolben beim Aufwärtsgang Unterdruck im Gehäuse erzeugt.

Abb. 69

Abb. 70

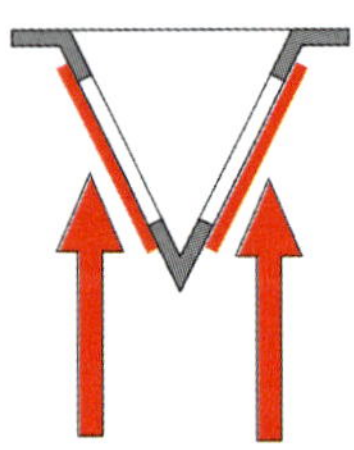

heuer robust ist, aber etwas weniger Leitung bringen kann. Der Vorteil ist aber, dass keine zusätzlichen verschleißenden Bauteile nötig sind. Da der Vergaser direkt am Zylinder sitzen muss, ist er leider manchmal im Wege. Dafür gibt es dann einen Krümmer (Kapitel Vergaserumlenkung), der den Vergaser 90 Grad umlenkt und so die Baubreite des Motors wieder etwas reduziert.

Mehr Leistung bekommt man mit dem sogenannten Flatterventil. Die Funktion ist sehr einfach. Irgendwo am Kurbelwellengehäuse ist das Flatterventil angebracht, es muss also nicht, wie bei der Kolbensteuerung an einer bestimmten Position liegen. Wichtig ist nur, dass es einen freien Zugang zum Inneren des Motorgehäuses gibt. Der Grundkörper des Ventils ist meist aus einem harten Kunststoff hergestellt, auf dem harte, aber flexible Lamellen befestigt sind. Wenn der Kolben aufwärts läuft und im Motorinneren einen Unterdruck erzeugt, werden die Lamellen von Ventilkörper abgesogen und

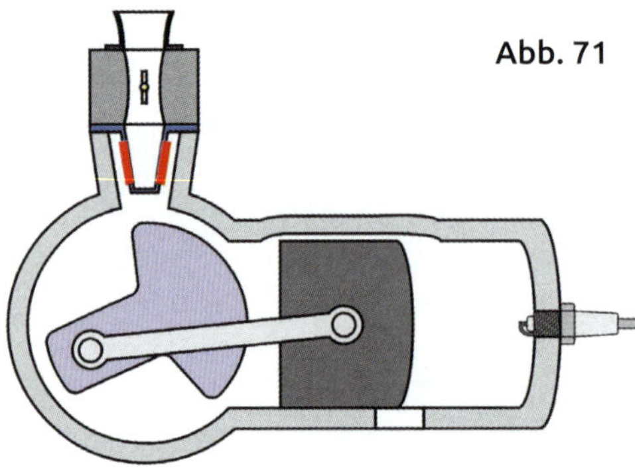

Abb. 71

Abb. 72

Frischgas kann einströmen. Sobald der Unterdruck verschwindet, schließen die Lamellen das Ventil wieder.

Soweit das Prinzip. Leider gibt es speziell bei den Flatterventilen sehr oft Dichtprobleme. Bei leichten Dichtschwierigkeiten saugt der Motor bei geschlossener Chokeklappe nur schlecht den Treibstoff an. Trotzdem wird so ein Motor gut laufen, wenn er erst einmal angesprungen ist. Die Membranen liegen bei laufendem Motor besser an, da jetzt der Schwung des Hin und Her die Anlage der Plättchen verbessert. Bei größeren Undichtigkeiten wird es aber zu Leerlaufschwierigkeiten kommen, hier speziell bei sehr niedrigen Drehzahlen. Ich prüfe die Anlage der Ventilplättchen im ausgebauten Zustand. Man nimmt das komplette Flatterventil und saugt mit dem Mund von der Einströmseite Luft an. Wenn jetzt das Ventil nicht eindeutig schließt, ist ein neuer Membransatz fällig, wenn nicht sogar ein komplettes Ventil. Leider findet man oft auch bei einem neuen Ventil schon Undichtigkeiten. Gute Flatterventile haben einen Dichtsitz mit einer dünnen Gummischicht. Außerdem wird das Ventilgehäuse mit wenigstens vier Schrauben befestigt, um jedem Verzug, z.B. durch Temperatureinfluss zu unterbinden.

Man sollte übrigens jedes Flatterventil in nicht zu langen Abständen überprüfen. Wenn

Abb. 73

Abb. 74

nämlich so ein Ventilplättchen bricht und in den laufenden Motor gerät, gibt es mit Sicherheit einen kapitalen Schaden.

Es gibt eine Vielzahl von verschiedenen Flatterventil Ausführungen. Die Gebräuchlichsten sind kegelförmig, wie im Foto, damit dem einströmenden Gas möglichst wenig Widerstand entgegen steht.

Die Motorkonstrukteure versuchen so viel Frischgas wie möglich in den Motor zu bekommen, dadurch werden die Flatterventile ganz schön groß. Entsprechend groß ist dann auch das „Loch" im Motor. Und manchmal baut sich ein gewaltiger Ansaugturm in Motormitte auf.

Für die Ventilplättchen gibt es eine Vielzahl unterschiedlicher Materialien, beispielsweise Stahl, GFK und CFK-

Ich halte CFK für ziemlich ungeeignet, da das Material einmal zu steif ist und auf Dauer zu bruchempfindlich. Stahl geht gut, aber auch nur eine gewisse Zeit. Dann beginnen sich an den Einströmkanten kleine Undichtigkeiten aufgrund der Kavitationsbelastung zu bilden. Ich halte GFK für die beste Lösung.

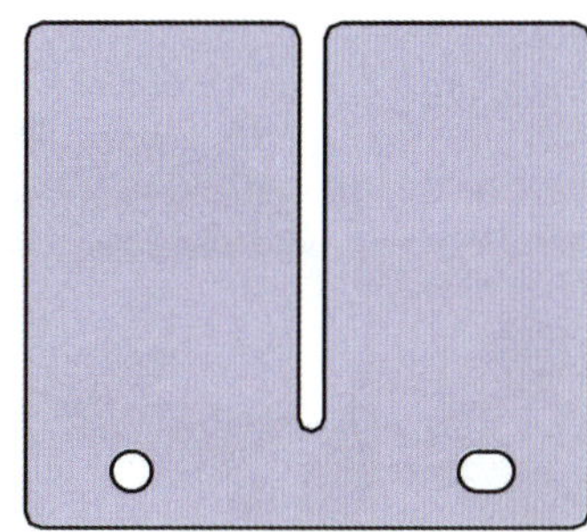

Abb. 75

Wer eine CNC Fräse hat, kann sich die Ventilplättchen ganz leicht selbst herstellen. Die Fräsdaten z.B. für ein DLE/DLA Plättchen ist in der FMT-CAD-Bibliothek (www.vth.de) zu finden. Gut, man kann sich vom Hersteller neue Ventilplättchen kaufen, aber doch nicht wir Selbermacher! Man braucht 0,25 mm dickes GFK-Plattenmaterial. Dickeres Material kostet Leistung, dünneres ist zu wenig steif.

Wie gerade geschildert ist das Öffnen und Schließen eines Flatterventils ausschließlich von den Druckverhältnissen im Motor abhängig. Der Konstrukteur kann daran nichts

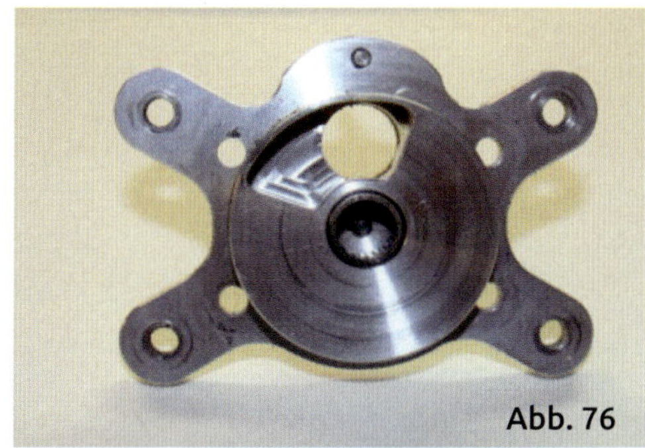

Abb. 76

Abb. 77

Abb. 78

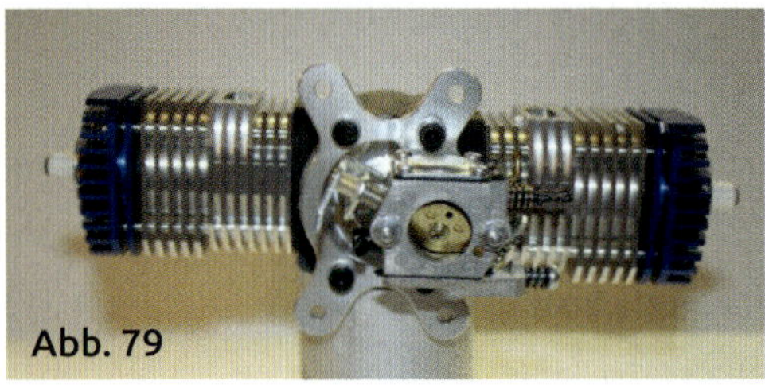

Abb. 79

ändern. Wenn er aktiv die Steuerzeiten beeinflussen will, um z.B. eine bessere Motorleistung mit einem Resonanzauspuff zu erreichen, bleibt ihm nur als Einlasssteuerung die Drehschieberlösung (Abb. 76 & 77).

Meist ist im hinteren Gehäusedeckel des Motors ein Fenster eingefräst, dessen Öffnungsbreite dem gewünschten Einlasswinkel entspricht. Gegen diesen Deckel läuft ein scheibenförmiger Rotor, der auch so einen Ausschnitt hat.

Die Rotorscheibe wird von einem kleinen zusätzlichen Stift an der hinteren Kurbelwellenwange mitgenommen. Das Ganze ist axial fliegend gelagert und vielleicht noch von einer schwachen Ringfeder an den Gehäusedeckel angedrückt.

Das funktioniert sehr gut und vor allem auch dauerhaft. Nur wenn harter Schmutz dahinten rein gekommen ist, ist eine Reparatur fällig.

Jetzt kommt der Vergaser hinter dem Motor zu sitzen und stellt damit keine Gefahr dar für unnötige Löcher in der Motorhaube und es gibt auch keine Platzkonflikte mit dem Schalldämpfer. Dafür wird mit aller Wahrscheinlichkeit der Vergaser in den Rumpf oder in den Motordom hineinragen und ist etwas schwieriger zu erreichen. Außerdem muss man geeignete Maßnahmen treffen, damit nicht permanent Benzintropfen im Rumpf hinein sickern (siehe Kapitel Ansaugtrichter).

Der Kolben

Ohne ihn geht gar nichts! Der Kolben ist in unserem Motor derjenige, der die ganze Arbeit leisten muss. Wenn es über ihm so richtig knallt, muss er den Explosionsdruck in Propellerdrehzahl umsetzen. Und das blitzschnell. Wenn wir richtig Gas geben und der Motor z.B. 6.000 1/min dreht, dann saust der Kolben jede Minute eben diese 6.000 Mal auf und ab.

Schwerstarbeit! Das klappt natürlich nur dann mit Leistung, wenn der Kolben im Zylinder auch richtig dicht arbeiten kann. Dazu darf das Spiel zwischen Kolben und Zylinderwand nicht zu groß geworden sein und der Kolbenring sollte auch dicht laufen. Außerdem sollten die Pleuellager in Ordnung sein, damit nicht bei jedem Hub oben und unten erst einmal das Spiel „weggeklappert“ werden muss. Wenn da gerade einmal nicht genügend Öl vorhanden ist oder unter der Motorhaube zu wenig Kühlluft ankommt, dann ist so ein Kolben ganz schnell am Ende. Dann kann es zu einem „Kolbenfresser“ kommen, bei dem sogar der Kolbenring „zugebacken“ wird.

Abb. 80

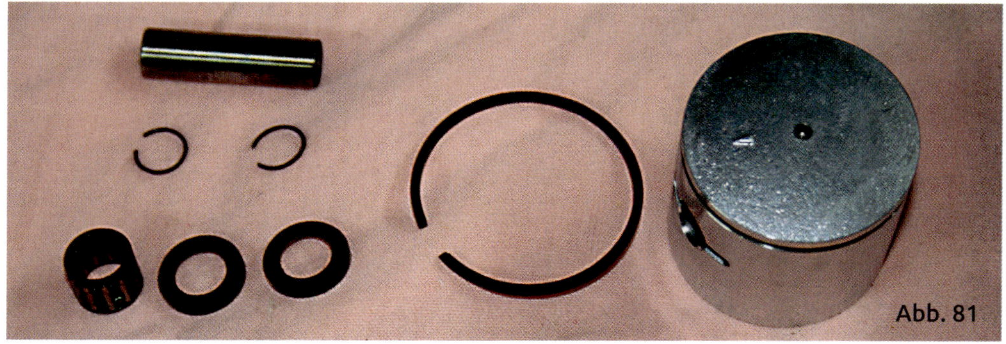

Abb. 81

Zum Reinigen oder vielleicht sogar zum Ersetzen muss der Kolben ausgebaut werden. Die dabei anfallenden typischen Teile sind im Foto 81 zu sehen, hier von einem ZG 38. Da ist erst einmal der Kolben selbst, meist hergestellt aus einer Alulegierung. Auf seine Oberseite ist bei allen Kolben eine Markierung in Form eines Pfeils zu sehen. Der muss immer nach dem Einbau in Richtung Auspuffschlitze zeigen. Der Kolben selbst würde zwar auch umgekehrt eingebaut reinpassen, dann wäre aber der Schlitz des Kolbenrings an einer falschen Stelle! Beim Einbau des Kolbenrings sollte man kein Grobmotoriker sein. Das Ringmaterial ist extrem unelastisch und bricht sofort, wenn man den Ring etwas zu deutlich weitet. Man hat also jede Chance den Ring beim Überziehen auf den Kolben zu brechen. Die sicherste Methode ist, den Ring mit seiner geschlossenen Seite leicht an der Kolbenoberkante anpacken zu lassen und dann mit zwei Händen ganz vorsichtig das offene Ende weitend über den Kolbenrand zu ziehen.

Vorher sollte man sich den Ring und den Kolben aber ganz genau ansehen. Damit der Kolbenring beim Betrieb nicht drehen kann, ist in der Kolbenringnut des Kolbens ein kleiner Stift eingesetzt, meisten ganz am Rand der Nut. Die beiden Ringenden haben eine entsprechend ausgenommene Rundung. Der Ring passt also nur in einer Richtung in die Nut! Siehe Skizze 82.

In dem Foto 81 sind noch zwei dünne Drahtringe und der Kolbenbolzen zu sehen. Die Drahtringe fassen im Kolben in passende Nuten und verhindern, dass der Bolzen seitlich wegwandern kann und den Zylinder ruiniert. Einfache Sache diese Ringe! Aber die haben einen teuflischen Charakter und versuchen immer wegzuspringen. Da sollte man unheimlich penibel aufpassen, dass so ein Drahtring nicht versehentlich und unbemerkt ins Motorgehäuse fällt.

Als meine Freunde und ich vor etlichen Jahrzehnten unsere ersten Mopeds „frisiert“ haben, ist mir so ein Drahtring in das Motorgehäuse meiner DKW reingefallen, ohne dass ich das bemerkt hatte. Ich habe den Ring natürlich nicht wiedergefunden und einen neuen aus Stahldraht gebogen, man war ja schon Modellflieger. Hat sogar gepasst. Nur beim „Probegalopp“ mit meiner DKW hat es plötzlich ein ganz furchtbares Geräusch gegeben und der Motor war nur noch Schrott! Der verschwundene Ring hatte sich zwischen Kolben und Zylinder tief eingegraben.

Die nächste Herausforderung kommt beim Einbau des oberen Pleuellagers. Da müssen mehrere Bauteile gleichzeitig montiert werden.

Das Pleuellager besteht dem eigentlichen Nadellager und manchmal zusätzlichen zwei Stahlscheiben, die eventuelle Axialkräfte

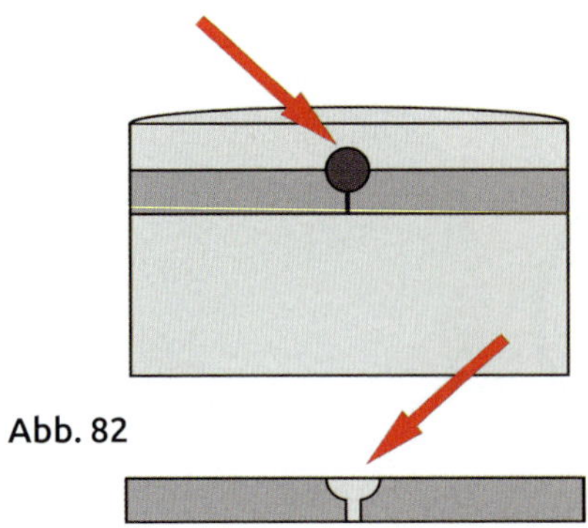
Abb. 82

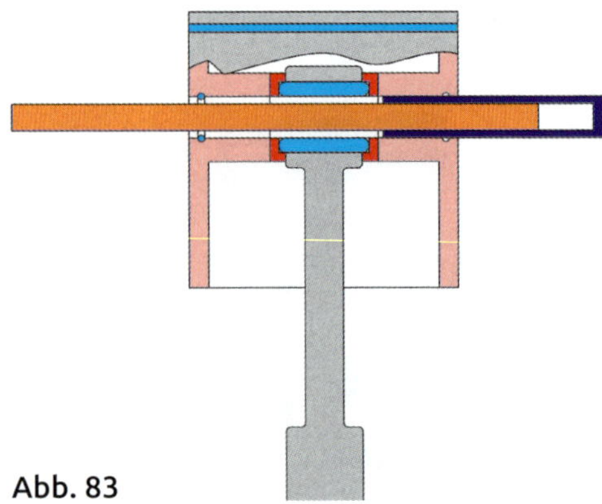
Abb. 83

aufnehmen sollen. Das Nadellager findet seinen Platz im oberen Pleuelauge, rechts und links daneben sollen die beiden Stahlscheiben montiert werden. Das Ganze muss mit zwei spitzen Fingern innen im Kolben so festgehalten werden, dass der Kolbenbolzen von einer Seite hindurchgeschoben werden kann. Das kann zu einem endlosen Geduldspiel werden, wenn man nicht ein kleines Hilfsmittel nimmt.

Auf einer Kolbenseite wird schon mal einer dieser Drahtringe eingelegt. Vorsicht! Siehe oben!

Dann sucht man sich in der Restekiste ein Rundholz oder eine Vierkantleiste aus, etwas, das einigermaßen leicht in den hohlen Kolbenbolzen passt. Der Kolbenbolzen ist immer innen hohl oder wie beim ZG 38 nur von einer Seite ausgebohrt.

Jetzt wird das Pleuel mit dem eingelegten Nadellager und den beiden Randscheiben vorsichtig in den Kolben geschoben und sofort mit dem Rundholz am Herausfallen gehindert. Siehe Skizze 83. Jetzt hat man alle Zeit, um den Kolbenbolzen, geführt über das Rundholz, durch die wackelige Angelegenheit zu schieben. Wenn dann zum Schluss auch noch der zweite Drahtring an Ort und Stelle sitzt, ist die Arbeit getan.

Übrigens eine kleine Warnung. Wer das obere Nadellager ersetzen möchte, sollte am besten auf das Original Ersatzteil des Motor-Herstellers zurückgreifen. Die „normalen“ Nadellager aus dem Kugellagerhandel haben meist nur einen Kunststoffkäfig und sind für den Einsatz als Pleuellager ungeeignet. Die Originallager haben einen Stahlkäfig!

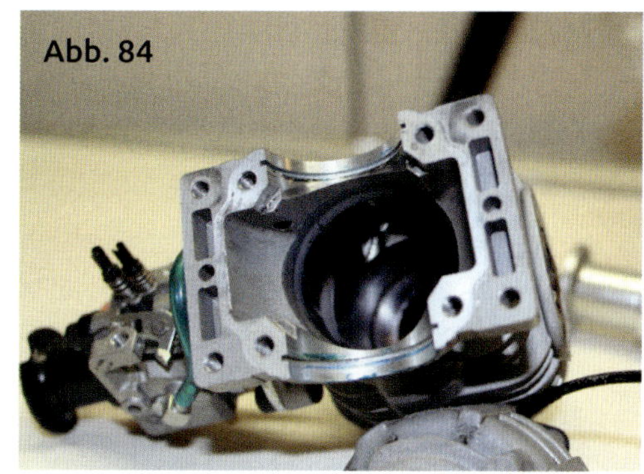
Abb. 84

Wie bekommt man den Kolben in den Zylinder, ohne den Kolbenring und sich die Finger zu brechen?

An der Unterseite der Zylinder ist eine kleine Einführfase angeformt. Wenn man den Kolbenring so in seiner Nut dreht, dass der Ringspalt genau mittig zu dem Antiverdrehpin liegt, kann man den Kolben mit Gefühl ganz leicht in den Zylinder schieben.

Es ist klar, dass bei allen Arbeiten immer ein Tropfen Öl aufgetragen wird! Clever ist es, dafür gleich dasselbe Öl zu nehmen, das man seinem Sprit beimischt.

Zündung

Eigentlich sollten wir Modellflieger uns damit gar nicht beschäftigen müssen, weil die käuflichen Benziner ja alle eine vom Hersteller angepasste Zündung haben. Aber manchmal ist es doch gut, wenn man ein paar Grundlagen zum Thema Zündung kennt und die bei einer Fehlersuche auch praktisch anwenden kann.

Wenn ich die ursprüngliche, mit einem mechanischen Unterbrecherkontakt gesteuerte Batteriezündung außer Acht lasse, dann kennen unsere Benziner drei verschiedene Zündmethoden. Da wäre – ganz neu – eine Glühkerze, die auch bei Benzinsprit katalytisch weiterglüht und für die Zündung des Gemischs sorgt. Enya hat einen 30-ccm-Benzin-Motor mit so einer Glühkerze, die allerdings im Gemisch ein ganz bestimmtes Öl zum Weiterglühen braucht. Und da gibt es eine solche Kerze von OS, die sogar mit ganz normalem Öl im Sprit funktioniert.

Zum zweiten und am längsten gibt es die Magnetzündung. Die kennen wir alle z.B. vom ZG 38, der vor vielen Jahren nach den etwas problematischen Quadras eigentlich der erste käufliche Benziner war, der problemlos und dauerhaft funktionierte.

Zum dritten und heute wohl mit den meisten Anwendungen, gibt es die große Gruppe der elektronischen Zündungen. Das

Abb. 85

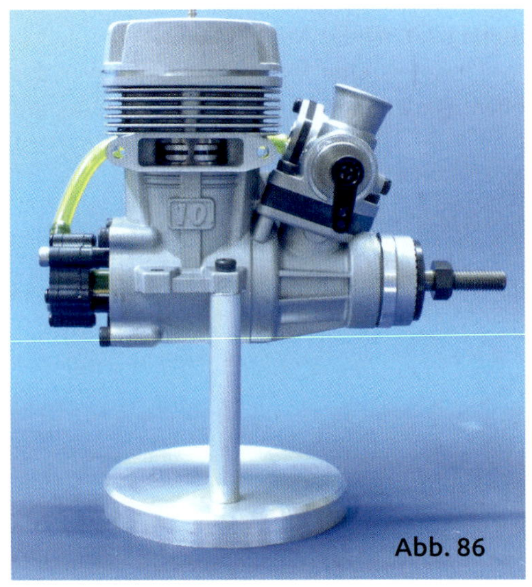

Abb. 86

Abb. 87

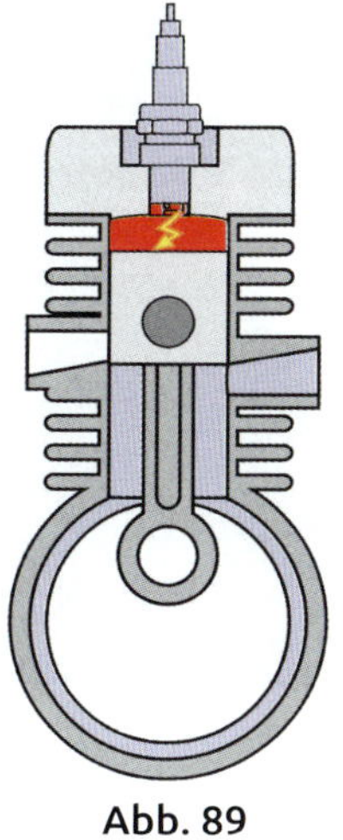
Abb. 89

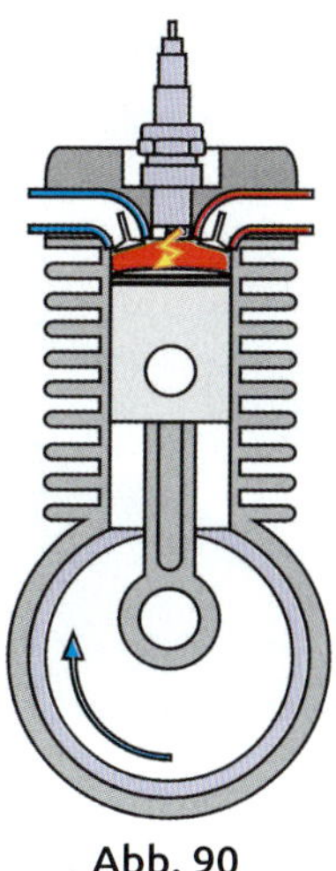
Abb. 90

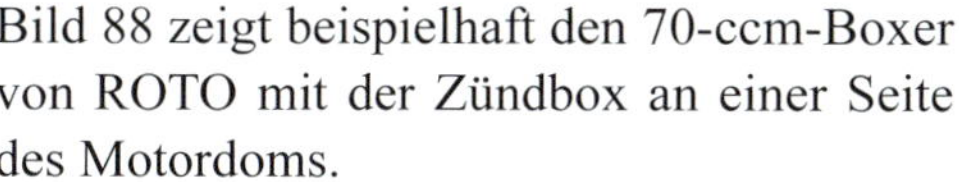

Bild 88 zeigt beispielhaft den 70-ccm-Boxer von ROTO mit der Zündbox an einer Seite des Motordoms.

Die Benzin-Glühkerze möchte ich in den folgenden Überlegungen nicht weiter berücksichtigen. Einmal habe ich bisher nur wenige eigenen Erfahrungen machen können, zum anderen ist die Einsatzmöglichkeit vom Hubraum her deutlich eingeschränkt.

Dafür sehen wir uns die Funkenzündung genauer an. Auf den ersten Blick ist alles ganz einfach. Da wird eine Zündkerze in den Zylinderkopf geschraubt, an deren Elektroden per Hochspannung ein Funke erzeugt wird. Der Funke zündet das Benzin/Luft Gemisch und der Motor läuft.

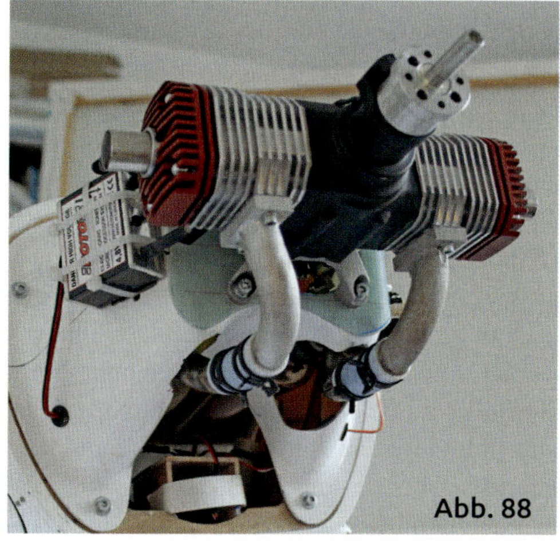
Abb. 88

Zu einfach! Bei beiden Motorarten, beim 2-Takter und auch beim 4-Takter sind die Grundprinzipien gleich. Das Gemisch muss explodieren, wenn der Kolben gerade beginnt, abwärts zu laufen. Das heißt aber nicht, dass auch genau in diesem Moment die Zündung erfolgen muss. Das muss je nach Drehzahl etwas vorher passieren. Warum? Machen wir zum Verständnis einen ganz einfachen Versuch. Wir zünden ein Streichholz an. Am besten eins mit Holzstiel, da dabei das Schwefelköpfchen eine gewisse Masse hat und man den zeitlichen Ablauf der Verbrennung besser beobachten kann. Nach dem Abreiben können wir sehen und auch hören, dass eine gewisse Zeit vergeht, ehe das ganze Köpfchen brennt. Siehe Foto 91. Das Schwefelköpfchen fängt nicht sofort an als Ganzes zu brennen. Die Flamme entzündet mit einer deutlich sichtbaren und hörbaren Verzögerung das rote Zündmaterial.

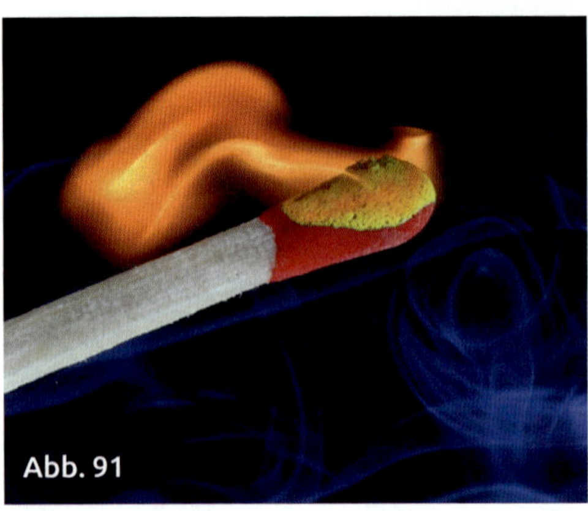

Genau das passiert auch bei Zünden des Benzingemisches. Es vergeht eine kleine Zeit, bis das komplette Gemischvolumen brennt. Und nur dann hat es auch die volle Kraft, um den Kolben anzutreiben. Wenn wir nun davon ausgehen, dass für die volle Zündung, egal bei welcher Motordrehzahl, dieselbe fixe Zeit vergeht, bedeutet das aber auch, dass sich der Moment des Zündfunkens, also des Starts der Verbrennung, je nach Drehzahl verändern muss. Je höher die Drehzahl, je früher muss der Zündfunke ausgelöst werden. Das Diagramm im Bild 92 zeigt einen denkbaren Vorlauf des Zündmomentes bei verschiedenen Drehzahlen. Auch wenn das nur ein fiktives Diagramm ist, sollten wir die Eckdaten doch als Grundwerte registrieren.

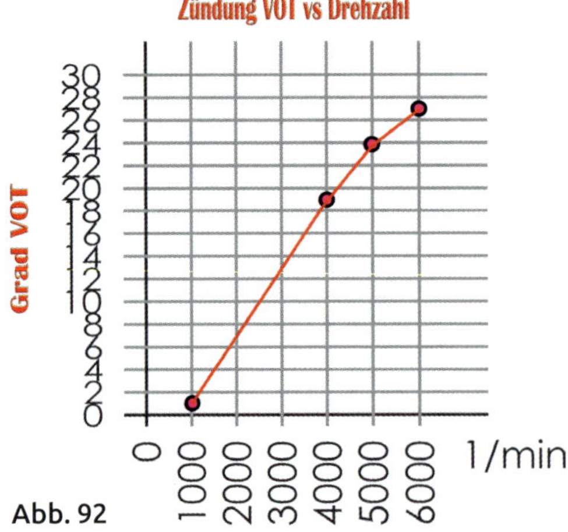

Abb. 92

Mit zunehmender Motordrehzahl wird die Geschwindigkeit des Kolbens immer größer, damit erreicht der Kolben also immer schneller den oberen Totpunkt (OT).

Die Zeit vom Zünden bis zur vollständigen Zündung des Gemisches und zum Erreichen des Verbrennungshöchstdrucks jedoch dauert in etwa konstant 1-2 Millisekunden. Deshalb ist eine Vorverlegung des Zündzeitpunkts erforderlich. Ohne diese Zündungs-Vorverlegung könnte der Motor kaum seine Leistung entfalten, da sich dann der Kolben bereits zu weit in seiner Abwärtsbewegung befindet, wenn der Explosionsdruck sein Maximum erreicht. Der Höchstdruck sollte nach Möglichkeit ganz kurz nach OT erreicht werden. Auf der anderen Seite führt zu viel Frühzündung allerdings für den Motor durch das bekannte „Klopfen" zu stärkerem Verschleiß oder gar zu Motorschäden. Bei den üblichen (zivilen) Drehzahlen bis etwa 6.000 1/min brauchen unsere Benziner „Pi mal Daumen" eine Zündvoreilung von etwa 30 Grad Kurbelwellenwinkel. Später sehen wir noch echte, gemessene Kurven von verschiedenen Zündungen. Sehen wir uns unter den gerade geschilderten Randbedingungen eine Magnetzündung einmal genauer an. In einem Schwungrad, das ursprünglich auch noch ein Lüfterrad war, sitzen zwei entgegen gepolte Permanentmagnete. Diese sausen an einer Spule vorbei und erzeugen in der Spule eine elektrische Spannung. Diese Spannung wird in einer zweiten Spule mit sehr viel mehr Windungen in eine Hochspannung hochtransformiert und springt als Funke an den Elektroden der Zündkerze über. Der Funkenschlag findet statt, wenn die Spannung gerade dafür ausreicht, sagen wir einmal, wenn die induzierte Spannung den Höhepunkt erreicht hat. Es ist nun einmal so, dass mit steigender Drehzahl, also je schneller die Mag-

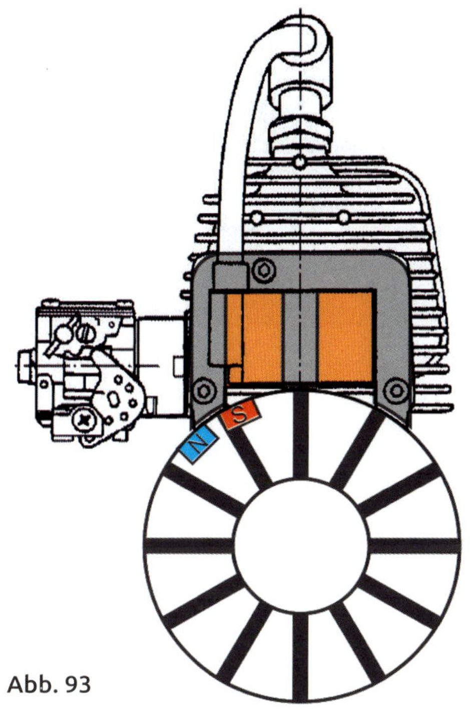

Abb. 93

nete an der Spule vorbeirasen, die Flanke der induzierten Spannung steiler wird. Dadurch verschiebt sich der Zündzeitpunkt nach „früh“. Soll er ja auch! Er verschiebt sich aber leider nicht genug nach „früh“. Wenn es gut geht, etwa 15 Grad Drehwinkel der Kurbelwelle, aber nicht die etwa 30 Grad, die der Motor eigentlich bräuchte.

Wenn die Zündung nun so eingestellt würde, dass der Startpunkt der Vorzündungs-

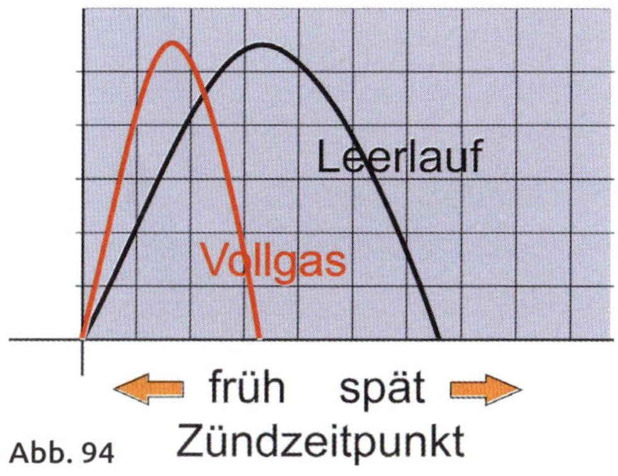

Abb. 94

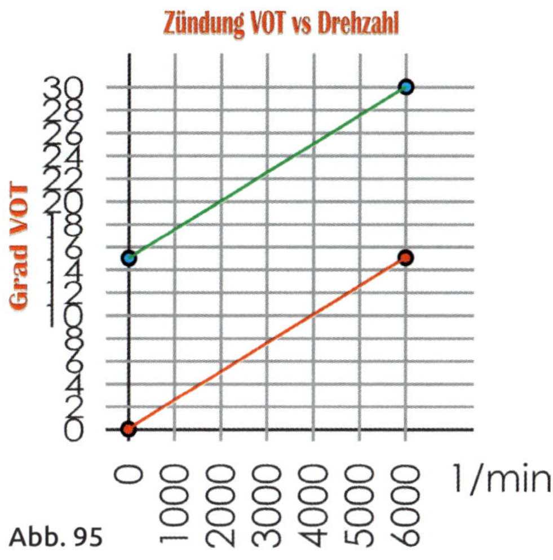

Abb. 95

kurve bei Drehzahl Null liegen würde (Bild 95, rote Linie), ergäben sich ein gutes Anwerfverhalten und ein perfekter Leerlauf. Aber „oben rum“ würde deutlich Leistung fehlen und der Übergang von Leerlauf zu Vollgas wäre auch nicht so prickelnd. Also stellen wir die Zündkurve so ein, dass der Startpunkt schon bei etwa 15 Grad „früh“ steht und der Endpunkt bei etwa 30 Grad (grüne Kurve). Jetzt ist Leistung da, aber der untere Drehzahlbereich läuft deutlich rauer. Und es könnte sein, dass der so eingestellte Benziner hin und wieder den Kontakt zu den Fingern sucht. Alle unsere Benziner mit Magnetzündung haben irgendwo ihre Wurzeln bei einem Industriemotor, vielleicht in einer Baumsäge. Da ist nur Leistung wichtig. Wer sägt denn schon seinen Holzstamm mit Leerlaufdrehzahlen? Und die Anwerferei übernimmt ein Seilzugstarter, also keine Gefahr für die Finger.

Viel einstellen kann man bei diesen Motoren auch nicht, da die Position der Zündspuleneinheit durch die Befestigungsschrauben festliegt. Und die entspricht immer der grünen Kurve aus dem Diagramm. Wer die Zündspule schon mal abgeschraubt hat und wieder montieren muss, nimmt einfach ei-

Abb. 96

Abb. 97

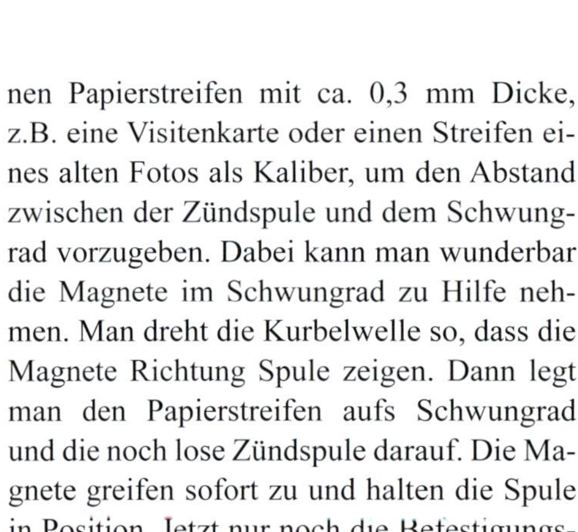

nen Papierstreifen mit ca. 0,3 mm Dicke, z.B. eine Visitenkarte oder einen Streifen eines alten Fotos als Kaliber, um den Abstand zwischen der Zündspule und dem Schwungrad vorzugeben. Dabei kann man wunderbar die Magnete im Schwungrad zu Hilfe nehmen. Man dreht die Kurbelwelle so, dass die Magnete Richtung Spule zeigen. Dann legt man den Papierstreifen aufs Schwungrad und die noch lose Zündspule darauf. Die Magnete greifen sofort zu und halten die Spule in Position. Jetzt nur noch die Befestigungsschrauben rein drehen und danach – mit etwas Gewalt – das Schwungrad mit dem Papierstreifen weiterdrehen. Fertig!

Die Magnetzündungen mit dem dicken Schwungrad hatten und haben natürlich den Vorteil, den Strom für den Zündfunken selbst zu erzeugen. Da sind kein Akku und kein separates Elektronikkästchen nötig. Aber die Nachteile in der Funktion sind doch so deutlich, dass es auch für diese Motoren Umbausätze auf eine elektronische Zündung gibt. Es gibt diese Art Zündung nicht nur von jedem Motorhersteller, sondern auch in vielen Varianten als Nachrüst- oder Umrüstzündung. Das Bild 97 zeigt nur einen kleinen Teil von verschiedenen Zündboxen, die sich im Laufe der Zeit in meiner Werkstatt eingefunden haben. Die Preise bewegen sich dabei zwischen 30,- und etwa 200,- €.

Ich lasse im Folgenden bewusst alle Zündungen unberücksichtigt, die nicht nach den CDI-Prinzip arbeiten und die keinen Hallsensor als Zündzeitpunktgeber haben. Es sind leider noch einige elektronische Zündungen auf dem Markt, die als Geber eine Induktionsspule nutzen mit denselben Nachteilen, wie bei der Magnetzündung. Was ist ein Hallsensor? Das Ding sieht aus wie ein kleiner Transistor, hat drei oder vier Beinchen und wird bei unseren Motoren in einem Plastikhalter versteckt, der meist vorne am Motorgehäuse angeschraubt ist. Wenn ein kleiner Permanentmagnet daran vorbei fährt, gibt der Hallsensor an einer genau definierten Stelle ein Signal ab, quasi wie der Unterbrecherkontakt in den früheren Autos.

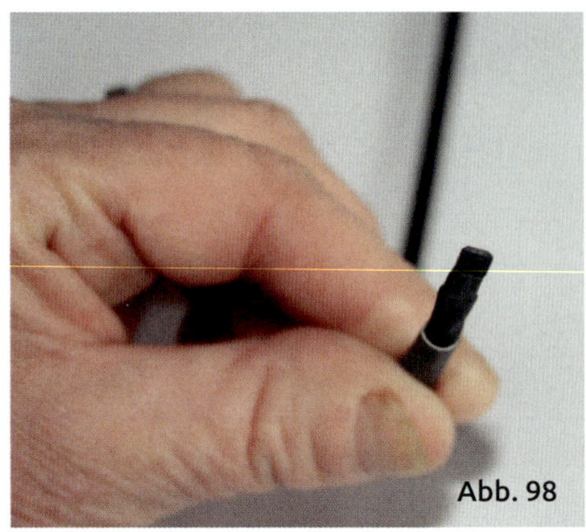

Abb. 98

Abb. 99

Leider gibt es keinen Standard bei der Polung des Magneten. Der eine Hersteller klebt den Magneten mit dem Nordpol nach außen ein, der andere mit dem Südpol. CDI hat übrigens nichts zu tun mit der eingetragenen Marke der Daimler AG für Dieselfahrzeuge und ist auch kein Handelsbegriff. CDI ist die Abkürzung des englischen (natürlich!) Begriffs Capacitor Discharge Ignition, also Kondensator Entladungszündung.

Das Blockschaltbild veranschaulicht die Wirkungsweise. Wir fangen mit einem Akku an, der bei den meisten Zündungen nicht mehr als 6 Volt bringen sollte, bei den neueren Zündungen sind erfreulicherweise auch zwei Lipos erlaubt.

In einer ersten elektronischen Schaltung wird die Akkuspannung hoch transformiert, wobei Spannungen zwischen 220 und 400 Volt üblich sind. Mit dieser hohen Spannung wird ein Kondensator aufgeladen, der rechtzeitig und schlagartig über einen elektronischen Schalter seine Ladung in die Zündspule jagt. Die Zündspule ist in diesem Fall ein reiner Transformator, der aus z.B. 400 Volt mehrere 1.000 Volt macht. Diese Hochspannung entlädt sich an der Zündkerze des Motors in einem hoffentlich kräftigen Funken. Es fehlt nur noch der Entstörwiderstand, der verhindern soll, dass die Fernsteuerung des Modells durcheinander kommt.

Der richtige Zeitpunkt der Entladung des Zündfunkens ist von zwei Elementen abhängig. Zuerst gibt es den Hallsensor, der von einem Magneten die richtige Stellung der Kurbelwelle gemeldet bekommt. Der richtige Zeitpunkt ist der, wenn der Kolben sich gerade anschickt, wieder abwärts zu laufen, also quasi, der obere Totpunkt (OT). Über den zeitlichen Ablauf der Verbrennung habe ich im Kapitel über die Magnetzündung schon alles gesagt. Aber zur Verdeutlichung noch einmal die Kernprinzipien.

Vom Augenblick der Gemischentflammung bis zur vollständigen Gemischverbrennung vergehen etwa zwei Millisekunden. Der Zündfunke muss deshalb so frühzeitig überspringen, dass der Verbrennungsdruck

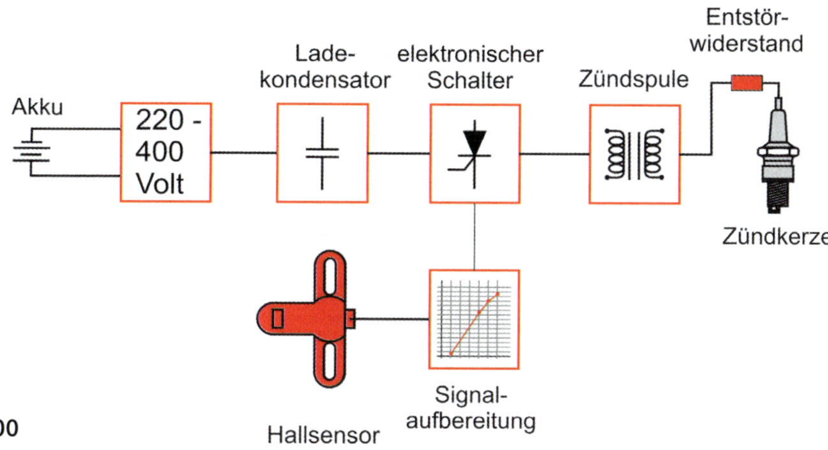

Abb. 100

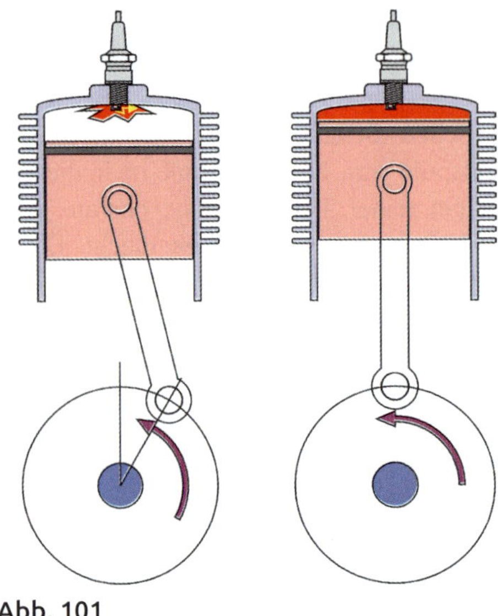

Abb. 101

am höchsten ist, wenn die Kurbelwelle in einer Stellung ist, die die Kolbenkraft aus der Verbrennung auch wirklich in Drehmoment umsetzt. In Abhängigkeit der Drehzahl und der Brenngeschwindigkeit des Benzin/Luftgemisches muss der Zündfunke ein paar Winkelgrade vor dem OT gestartet werden, halt immer etwa zwei Millisekunden vor OT. Es ist bekanntlich gar nicht so einfach, in die Zukunft zu blicken. Man hat eigentlich nur den OT als Fixpunkt für die Ausgangslage der Berechnung der Vorzündung. Da sind die verschiedensten Methoden in den zukaufbaren Zündungen zu finden. Es dürfte aber klar geworden sein, ohne einen Mikrocomputer in der kleinen Zündbox geht nichts.

Jeder Zündungshersteller hat in seiner Zündbox eine Vorzündungskurve hinterlegt oder berechnet sie neu nach einer vorgegebenen Formel. Ich habe in dem Diagramm 102 beispielhaft drei verschiedene „Vorzündungs-Philosophien“ schematisch dargestellt. Ganz links, ganz einfach gerade von 0 bis 30 Grad bei 0 Drehzahl bzw. 6.000 Umdrehungen je Minute. Ein anderer Hersteller fängt mit seiner Kurve bereits mit ein paar Grad Vorzündung an und lässt seine Kurve im Bereich der hohen Drehzahlen abflachen. Schließlich hat der dritte Hersteller die Idee zum Starten des Motors etwas Vorzündung zu geben. Oder hat er nur die Mathematik nicht ganz im Griff?

Grundsätzlich muss also der Zündfunke schon geblitzt haben, ehe der Magnet bzw. der Hallsensor die richtige Position gemeldet hat. Wird da die Zukunft vorher gesagt? Es

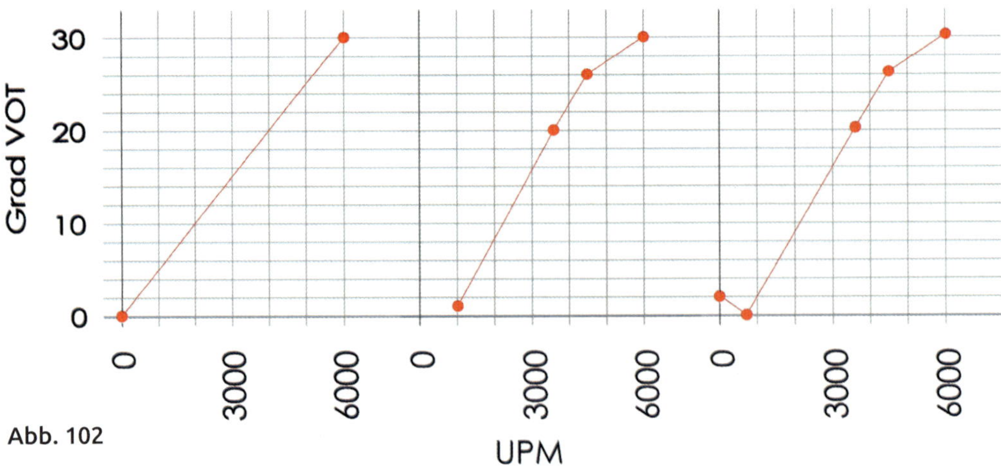

Abb. 102

gibt Zündungen, die mit zwei Magneten in der Propellernabe arbeiten. Beide Magnete sind in der Polung entgegengesetzt. Der erste Magnet dient zur Drehzahlmessung und der der zweite Magnet ist für den Zündzeitpunkt zuständig. Dann gibt es die Zündungen, die nur mit einem Magneten arbeiten. Da wird natürlich auch nicht in die Zukunft gesehen. Da wird beim ersten Magnetdurchgang unter dem Hallsensor die Drehzahl ermittelt und erst beim nächsten Durchgang die richtige Zündkurve eingestellt.

Wer nun seinen braven Magnetzünder umbauen möchte, der sollte unbedingt daran denken, dass eine CDI mit Hallsensor bereits beim langsamen Vorbeiwandern des Magneten die volle Zündleistung bringt. Wer den Motor durchdreht, ohne den Kerzenstecker auf der Kerze zu haben, kann seine Zündung ganz leicht ruinieren, irgendwo schlägt die Hochspannung schon über. Zum anderen sollte man daran denken, dass die Motoren mit Magnetzündung immer eine Kerze mit eingebautem Entstörwiderstand verwenden.

Widerstandswert 10-12 KOhm. Der tolle Kerzenstecker von Bosch mit dem eingebauten 1,5-KOhm-Entstörwiderstand wird leider nicht mehr hergestellt. Da nur in den Kerzensteckern der CDIs für die kleinen Kerzen ein 1,5-KOhm-Entstörwiderstand eingebaut ist, aber nicht für die Kerzen mit dem großen Gewinde, müssen hierbei deshalb auch wieder Widerstandskerzen verwendet werden. Das ergibt wegen des sehr großen Widerstands optisch einen nur ganz kleinen Zündfunken, klappt aber trotzdem gut. Eigentlich bräuchte man bei einer 2,4-GHz-Fernsteuerung und einem Vollmetall-Kerzenstecker gar keinen Entstörwiderstand, aber sicher ist sicher!

Die Kerzen mit dem eingebauten Entstörwiderstand sind leicht zu erkennen. Die haben alle in der Typenbezeichnung ein „R“ = Resistor = Widerstand.

Meine Standardkerze mit dem Gewinde M14×1,25 ist die Bosch WS7E mit 0,5 mm Elektrodenabstand. Aber nur in Verbindung mit dem alten Bosch-Kerzenstecker. Eine vergleichbare Kerze mit Entstörwiderstand wäre z.B. die NGK BPMR6A. Man muss allerdings darauf achten, dass der neue Kerzenstecker auch passt. Beide angegebenen Kerzen haben eine Schlüsselweite von 19 mm, es gibt aber auch Kerzenstecker mit nur 16 mm Schlüsselweite, da wäre dann z.B. eine NGK BPM6F bzw. BPMR6F richtig.

Einstellung des Zündzeitpunktes

Die Werte zur Einstellung des Zündzeitpunktes beziehen sich immer auf die Position des Kolbens in oberster Stellung, also bei OT=oberer Totpunkt.

Wie stellt man fest, wann der Kolben genau im oberen Totpunkt OT steht? Dazu gibt es zwei Methoden, die einfache, nicht so genaue und die genaue, zu der man aber ein Hilfsmittel braucht.

In jedem Fall wird zuerst die Kerze herausgeschraubt. Man nimmt sich 20 cm von einer 5×5 mm Kiefernleiste oder einem ähnlichen dicken Rundholz und steckt es vorsichtig durch das Kerzenloch, bis man auf den Kolben trifft. Wer dafür einen scharfkantigen Schraubendreher nimmt, sollte daran denken, dass der Kolben aus Alu besteht, also weicher ist als der Schraubendreher aus Stahl. Alles Harte und Scharfkantige hat dabei nichts verloren!

Abb. 103

Wenn es denn doch ein Metallwerkzeug sein muss, dann sollte es ein Inbusschlüssel mit abgerundetem Ende sein.

Dreht man den Propeller langsam in Laufrichtung und drückt das Rundholz leicht auf den Kolben, kann man fühlen, wie der Kolben langsam hoch oder runter geht. Wenn die Aufwärtsbewegung zu Ende ist, steht der Kolben ganz oben, also in OT. Leider ist in dieser Position über einige Winkelgrade nicht zu fühlen, ob der Kolben gerade erst oben ist oder schon wieder nach unten will.

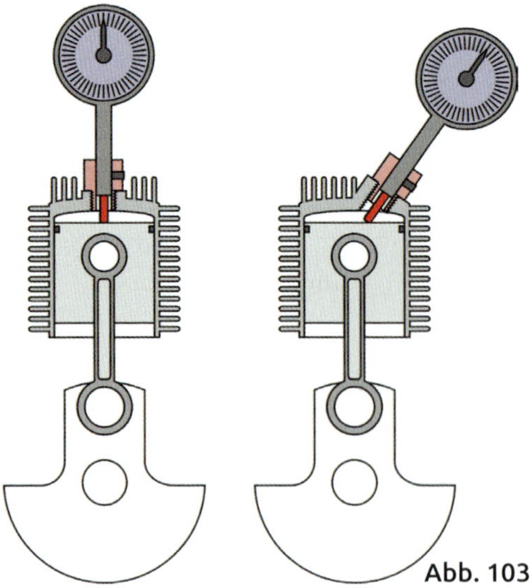

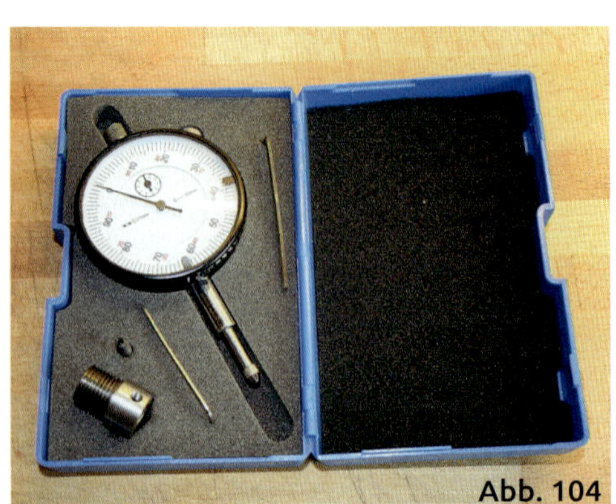

Abb. 104

Genau sieht man den oberen Totpunkt nur mit einem Messgerät. Ich habe mir eins aus einem billigen Messtaster aus dem Werkzeugladen gebastelt, das in ein Gewindestück, passend zum Kerzengewinde reingesteckt werden kann. Kosten für den Messtaster etwa 15,- €. Man muss sich allerdings den Adapter für das Kerzengewinde drehen oder drehen lassen.

Ist aus irgendeinem Grund der Zündzeitpunkt verstellt, ergibt sich möglicherweise auch ein Leerlaufproblem. Bei reichlicher Verschiebung nach „früh" kann man diese falsche Einstellung nicht nur als schlechten Leerlauf erkennen, sondern sogar bei Vollgas als heftiges Klopfen hören, solange bis der Kolben durchgebrannt ist.

Wer etwas einstellen möchte, muss natürlich wissen, wie die Einstellwerte sein müssen und wo man sie einstellt. Diese Daten stehen leider in den meisten Fällen nicht in den Betriebsanleitungen drin.

Wegen des hohen Verbreitungsgrades sehen wir uns zuerst die große Familie der Motoren an, die mit einer chinesischen Zündung ausgestattet sind, Also DLE, DLA, RCGF, Evolution, Gaui usw.

Im linken Bild der Skizze 105 ist die Einstellanweisung des Zündungs-Herstellers gezeichnet. Da ist einmal ein für meine Begriffe viel zu großer Toleranzbereich angegeben und zum anderen ist diese Art der Maßangabe sehr schlecht einzustellen. In Worten: 25-30° Voreilung von Mitte Hallsensor bis rechte

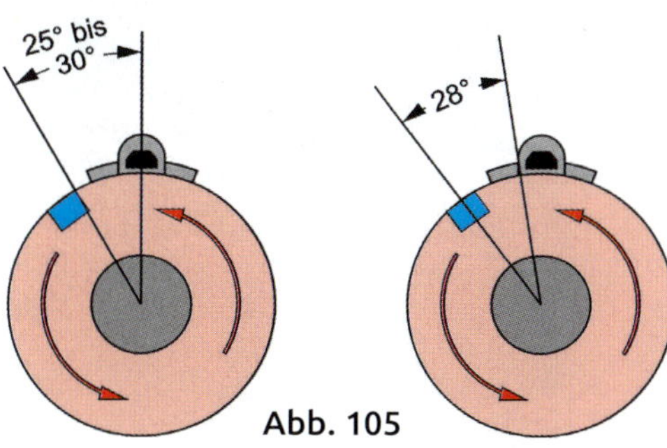

Abb. 105

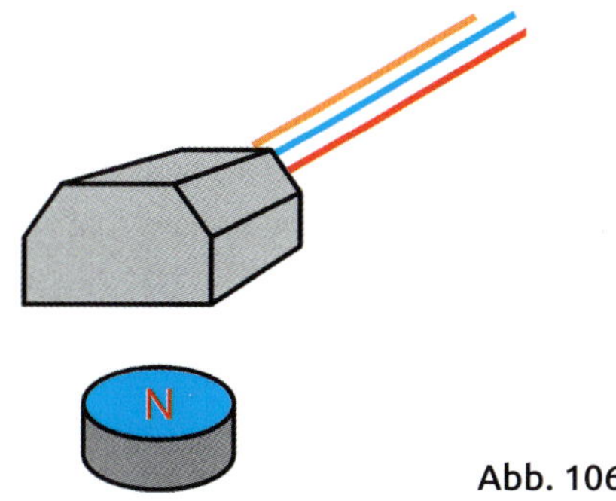

Abb. 106

Kante des Magneten. Da man eine eventuelle Markierung mittig unter dem Hallsensor überhaupt nicht sehen kann, stelle ich diese Zündungen nach der rechten Skizze ein. 28° von der linken Kante des Hallsensors bis Mitte Magnet. Da ist dann alles sichtbar.

Die 28 Grad haben sich als Wert herausgestellt, bei dem die meisten Motoren am besten laufen. Das gilt nicht nur für die vielen chinesischen Motoren, sondern auch für andere, die auf die Chinazündung umgebaut wurden. Der Hallsensor bei diesen Zündungen liegt oft als reines Kabel vor, mit einem kleinen Plastikgehäuse zur Montage am Motor. Oder er ist schon in dem Gehäuse am Motor angeschraubt. Leider kann man den Hallsensor zu leicht aus dem Gehäuse herausziehen. Damit die Zündung funktioniert, muss der Hallsensor mit der konisch geformten Seite nach außen zeigend eingebaut werden.

Der Magnet ist mit dem Nordpol nach außen zeigend in der Propellernabe eingeklebt.

Das hat bisher bei allen Motoren, die mir mit der Chinazündung „in die Hände ge-

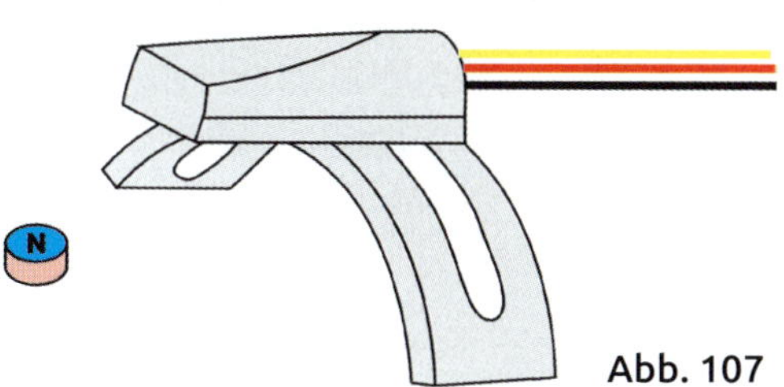

Abb. 107

fallen“ sind gestimmt, nur der 4-Takt Gaui 50 ccm macht hier eine Ausnahme. Da zeigt der Südpol nach draußen, also muss auch der Hallsensor mit dem konischen Teil nach innen zeigend eingeklebt werden.

Wie kann man die 28° Zündungsposition prüfen und eventuell korrigieren? Den Winkel braucht man gar nicht zu messen, das machen wir viel einfacher. Dafür müssen wir allerdings zuerst einmal etwas rechnen.

Man misst den Durchmesser der Propellernabe, da wo der Magnet eingeklebt ist. Der Durchmesser ist z.B. 40 mm. Jetzt rechnen wir den Umfang der Nabe aus, also 40 mm×3,14 = 125,6 mm, das entspricht dann logischerweise einem Winkel von 360 Grad. Jetzt brauchen wir nur noch den Umfang im Verhältnis der beiden Winkel 360 Grad und 28 Grad teilen, also 125,6/360×28. Das Ergebnis – bei einem Durchmesser von 40 sind das 9,7 mm – ist die Strecke zwischen dem Gebergehäuse und Mitte Magnet. Wenn wir einen Papierstreifen mit dieser Länge zurechtschneiden, können wir ihn einfach auf die Rundung der Nabe legen und haben den exakten Winkel von 28 Grad gekennzeichnet.

Das Beispielfoto stammt von einem FMT-Leser, dessen DLA 112 sehr rau lief und auch manchmal heftig zurückschlug. Bei der Überprüfung der Position des Hallsensors nach der gerade geschilderten Methode hatte sich dann gezeigt, dass die Befestigungsbohrungen für das Hallsensorgehäuse bei der Herstellung wohl etwas „verlaufen“ waren. Damit war statt 28° ein Winkel von 32° vorgeben. Nach Korrektur – Neubohren! – der Gewindelöcher und einer korrekten Einstellung lief der DLA dann auch ganz brav.

Wenn wir uns die Kurve mit dem Zündverlauf relativ zur Drehzahl ansehen (Bild 110), wird schnell klar, warum der DLA in der ursprünglichen Fehljustierung so bissig

Abb. 108

Abb. 109

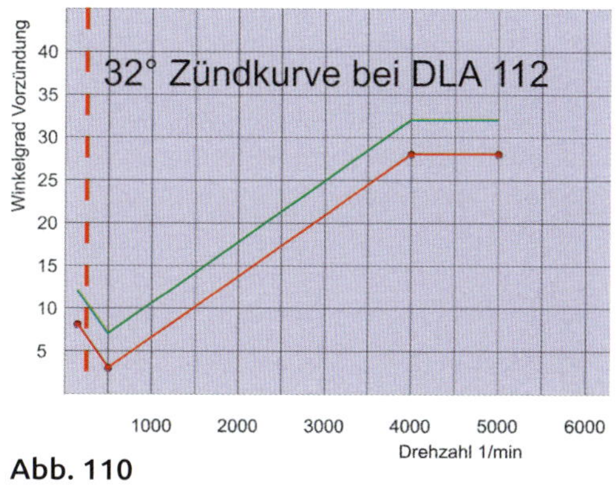

Abb. 110

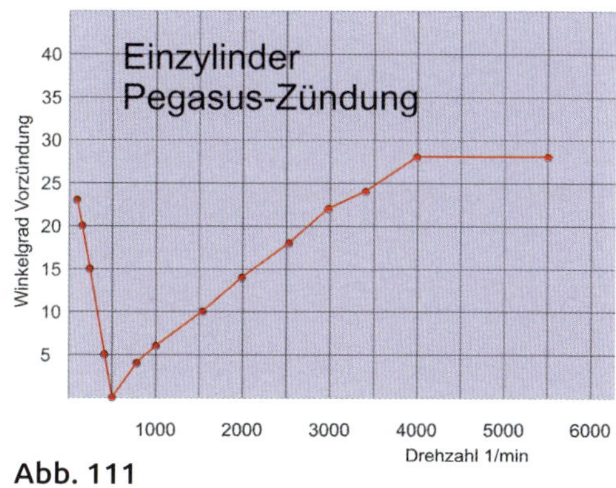

Abb. 111

reagiert hat. Die rote Kurve zeigt den Zündungsverlauf mit den richtigen 28° Einstellung. Man kann sehen, wie die Zündvoreilung so etwa ab 500 1/min stetig nach oben geht, um bei etwa 4.000 1/min das Maximum mit 28° zu erreichen. Die senkrechte gestrichelte rote Linie liegt bei 250 1/min. Das ist der Drehzahlwert, den man beim schwungvollen Handanwerfen erreicht. Da hat die Zündung des DLAs auch bei korrekter Position des Hallsensors aber schon eine Frühzündungseinstellung. Das ist auch schon ein Wert, bei dem zaghafte Anwerfer leicht mal einen „auf die Finger" bekommen. Bei dem bissigen DLA (grüne Kurve) lag aber hier ein um weitere 4 Grad früherer Wert an. Kein Wunder, dass der Motor so bissig reagierte!

Der Zündungsverlauf ist übrigens bei der Zündung der DLE-Motoren genauso, wie im DLA Diagramm gezeigt. Sollte da die Zündung aus derselben Fabrik kommen?

Die oft bei Umrüstungen verwendete Pegasus-Zündung, auch aus China, hat einen etwas anderen Zündzeitpunkt beim Startvorgang.

Unterhalb von 500 1/min geht die Zündung allmählich voll auf 28 Grad Frühzündung. Zum Glück ist die Frühzündung bei Anwerfdrehzahl ähnlich wie bei der DLE/DLA Zündung. Nur langsamere Anwerfer sollten auf ihre Finger achten.

Soweit zu den Zündungen, die mit einem Magneten für den Hallsensor auskommen.

Völlig anders sieht das aus, wenn zwei Magnete ins Spiel kommen. Typische Beispiele sind die Zündungen von Müller, 3W oder auch Aeroflug.

Das Foto 112 zeigt als Beispiel die Positionen der zwei Magnete für eine Müllerzündung. Auch wenn Herr Müller selbst kei-

Abb. 112

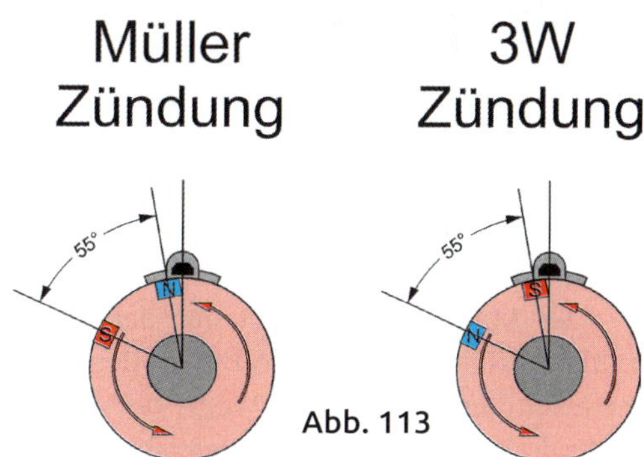

Abb. 113

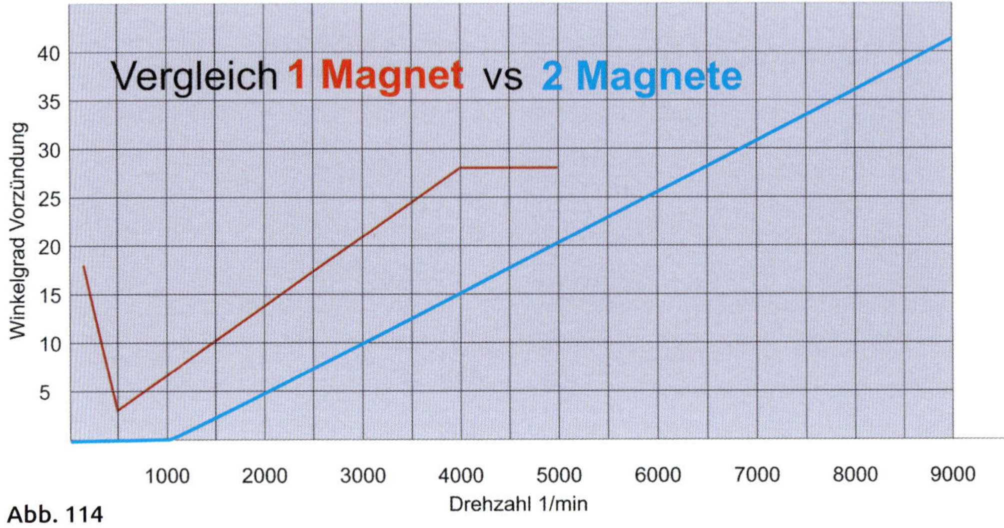

Abb. 114

ne Zündungen mehr baut, wird seine Technik heute über die Firmen Kolm bzw. Toni Clark weiter vertrieben.

Bei der Müllerzündung schaut der Nordpol eines Magneten in Laufrichtung halb unter dem Hallsensor vor. Davon ausgehend sitzt 55 ° weiter in Laufrichtung ein Magnet mit dem Südpol nach draußen. Der rote Magnet ist für die Drehzahlmessung zuständig und der blaue für die Zündposition. Als Hallsensor kommt eine Type zum Einsatz, die zwischen Nord und Südpol unterscheiden kann. Allerdings sollten die verwendeten Magnete nicht zu groß sein, da sonst der Hallsensor übersteuert wird und die Polung nicht mehr erkennen kann.

Welchen Vorteil bringt die aufwendigere 2-Magnet-Methode? Schauen wir uns dafür das Diagramm 114 an, in dem der typische Zündungsverlauf einer Zündung mit einem Magnet gezeigt wird. Das könnte eine Pegasus oder auch eine RCGF-Zündung sein. Die Kennlinien stehen im Anhang.

Der Magnet dient nicht nur der Drehzahlermittlung, sondern soll vor allem den Zündzeitpunkt vorgeben. Wenn der Motor nicht dreht, also quasi bei Drehzahl = Null, hört der kleine Mathematiker in der Zündbox mit der Kennlinienberechnung auf, also liegt dann der Zündzeitpunkt da, wo der Magnet sitzt = 28 Grad vor OT. Gerechnet wird erst wieder, wenn eine Drehzahl gemessen wurde. So wie die rote Kurve aussieht, scheint etwa ab 400-500 1/min in der Box die Kurve auf den niedrigsten Voreilpunkt heruntergerechnet zu werden. Bei Drehzahlen unterhalb dieser Grenze liegt also eine massive und sehr ungünstige Frühzündung vor. Wo die Drehzahlgrenze liegt, ab der die Zündung voll in „früh“ verschoben wird, ist bei den verschiedenen Einmagnetzündungen unterschiedlich. Wenn der Motor mit dieser Zündung läuft, ist alles völlig in Ordnung. Nur beim Anwerfen kann es schon mal heftig zugehen. Muss nicht, aber tut es leider manchmal.

Das ist bei Zündungen, die die Motordrehzahl unabhängig vom Zündmagneten ermitteln (2. Magnet), ganz anders. Da kann der Zündzeitpunkt schon ab Drehzahl=Null bei OT liegen und erst ab einer gewissen Drehzahl bewusst und gesteuert voreilen.

Alles, was ich gerade geschrieben habe, stimmt nicht für die chinesische Einmag-

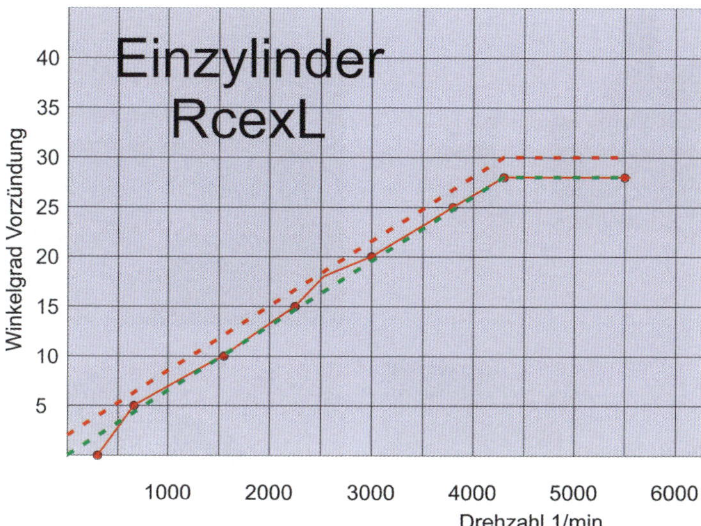

Abb. 115

net-Zündung von Rcexl. Die Entwicklungsleute bei Rcexl haben es geschafft, dass ihre Zündungskennlinie bei Leerlaufdrehzahlen und beim Handanwerfen nicht nach „früh“ wegläuft. Durch Variation der Magnetposition kann man sogar in einem Bereich von 25 Grad bis etwa 30 Grad die Kennlinie an den Motor anpassen. Das ist sicherlich nur für die Motorenbastler interessant.

Es wird in der Szene eine ganze Menge mit Zündungen gebastelt. Es gibt ja auch einiges an Zukaufzündungen auf dem Markt. Man sollte sich vor einem Umbau gut über die technischen Daten und besonders über die erforderliche Magnet-Polung informieren. Es ist zwar absolut kein technischer Grund dafür vorhanden, eine Hallsensor-3W Zündung mit einer Müllerzündung zu tauschen, aber wer doch auf diese Idee kommen sollte, muss auch gleich aufgrund der anderen Polung die Magnete umtauschen.

Noch ein Tipp: Wer einen Magneten einklebt, wahrscheinlich ja mit UHU Plus Endfest 300, sollte den Klebstoff unter keinen Umständen heiß aushärten, da so ein Magnet bei Temperaturen oberhalb von 80-90 Grad dauerhaft den Magnetismus verliert.

Die Beispielbilder einer möglichen Hallsensorposition oder besser gesagt, Montagestelle, bezogen sich bisher alle auf 2-Taktmotore. Diese Motorenart zündet bekanntlich

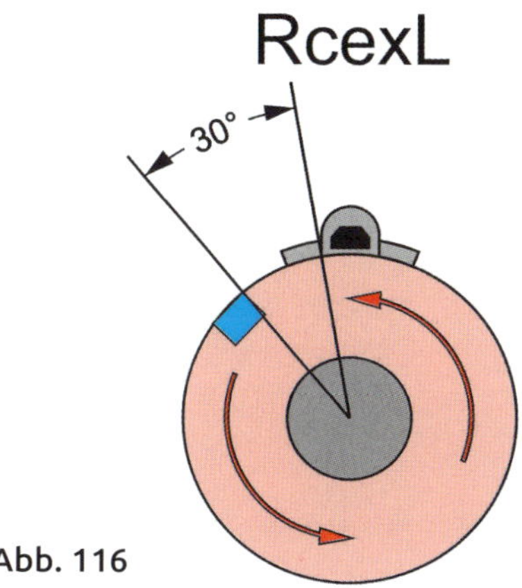

Abb. 116

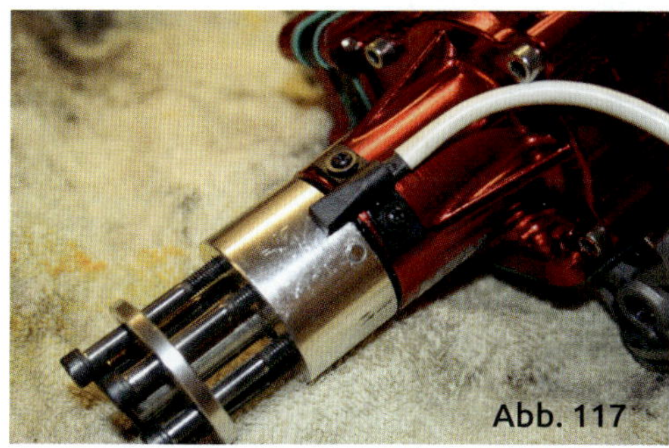

Abb. 117

Abb. 118

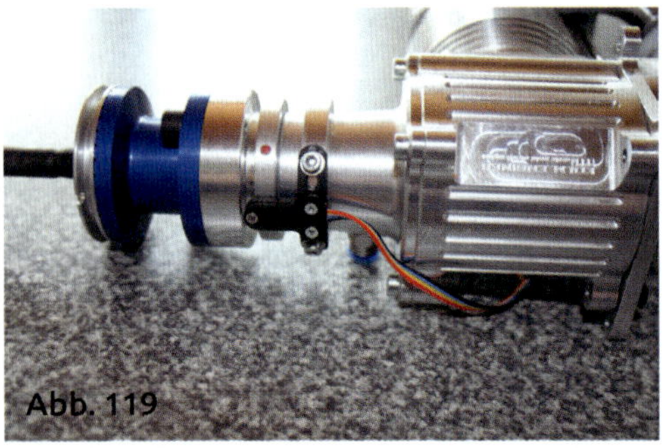
Abb. 119

Abb. 120

Abb. 121

bei jeder Kurbelwellenumdrehung. Es ist also völlig logisch, den Hallsensor direkt an der Kurbelwelle messen zu lassen. Beim 4-Takter ist das anders, da soll die Zündung nur jede zweite Umdrehung feuern. Wenn dennoch der Sensor an der Kurbelwelle sitzt, wie im Foto am 50er Kolm (Bild 119) oder beim 50er Gaui (Bild 118), dann feuert die Zündung einmal „ins Leere".

Das macht aber nichts, da bei diesem Leerschuss kein komprimiertes und zündfähiges Gemisch im Zylinder vorliegt. Dieser Leerschuss und der damit verbundene unnötige Stromverbrauch werden vermieden, wenn der Geber an der Nockenwelle angreift, die ja Prinzip bedingt die halbe Drehzahl der Kurbelwelle hat.

Beim 85er ROTO-Boxer (Bild 120) ist der Sensor an der Hinterseite der Nockenwelle angebracht, mit einem Magneten „unter Putz". Da ist es vorbei mit einer nachträglichen Einstellerei, aber auch nicht nötig! Bei dem 3-ZylinderReihen-4-Takter von ROTO (Bild 121) hat der Hersteller sogar die Sensorschrauben mit Lack versiegelt, um jeden Spieltrieb gleich im Kern zu ersticken.

Kerzen

Bei den Kerzen denke ich genauso wie bei den Kugellagern. Hier sollte man beim Einkauf wirklich nicht nur auf den Preis achten. No-Name-Produkte haben hier nichts verloren. Bei den Kerzen mit dem großen M14×1,25 Gewinde und Schlüsselweite 19 habe ich gute Erfahrungen mit der Bosch Kerze WS7E und mit der NGK Kerze BM6A. Wenn es eine Kerze mit 16 mm Schlüsselweite sein muss, ist eine NGK BPM6F richtig. Der Elektrodenabstand sollte 0,5 mm nicht überschreiten.

Das sind alles Kerzen ohne internen Entstörwiderstand, also nur mit entstörtem Metallkerzenstecker und abgeschirmtem Kabel zu betreiben. Mit Gummistecker oder nicht entstörtem Metallkerzenstecker muss eine Kerze mit integriertem Entstörwiderstand eingesetzt werden. Die erkennt man leicht an einem „R“ in der Typenbezeichnung, also z.B. die NGK BPMR6A bzw. BPMR6F.. Bei den kleineren M10-Kerzen kaufe ich besonders konservativ und nehme ausschließlich die NGK CM6 Kerzen. Mit den Alternativ-Kerzen habe ich zu viele schmerzvolle Erfahrungen machen müssen.

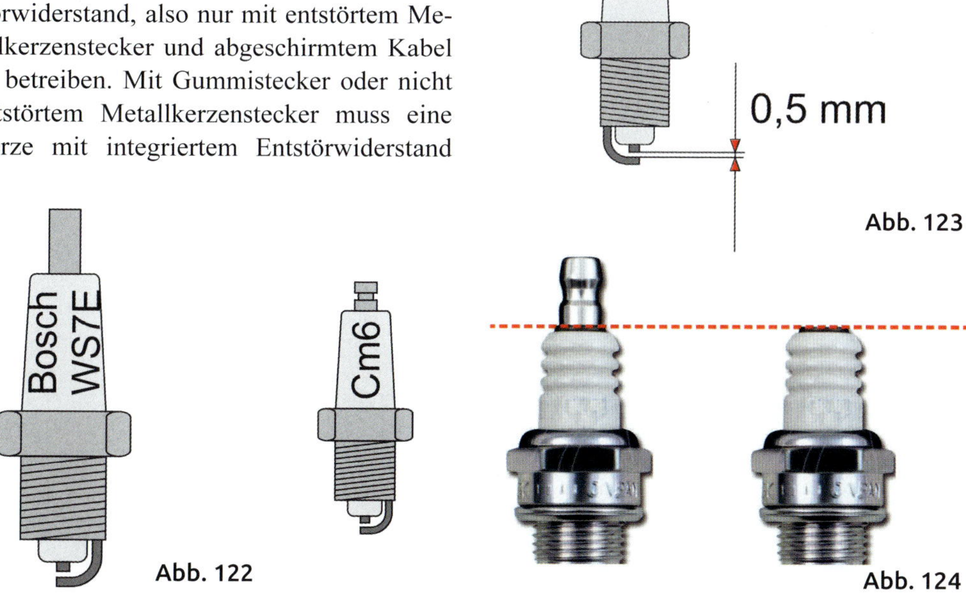

Abb. 123

Abb. 122

Abb. 124

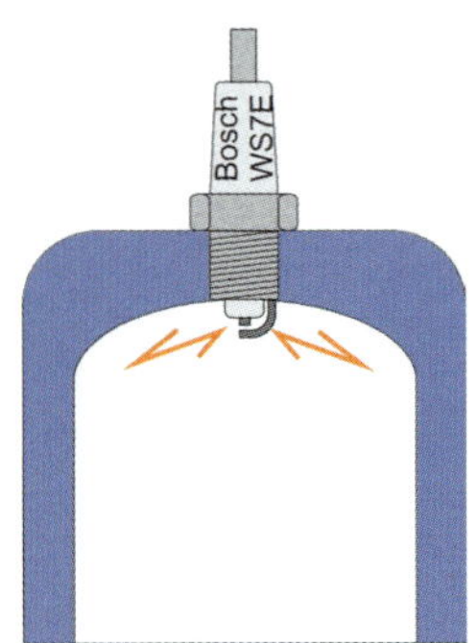

Abb. 125

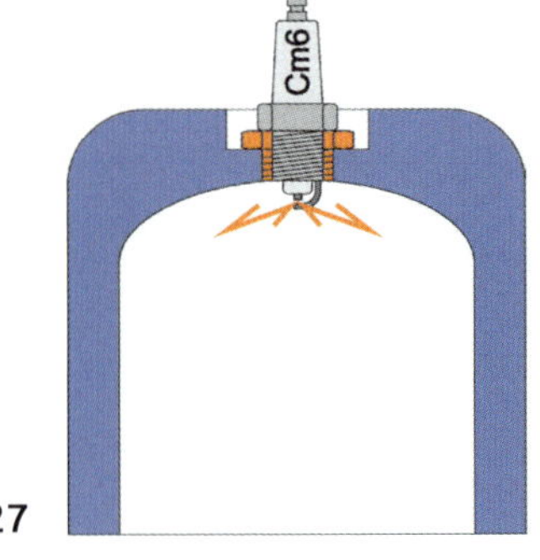

Abb. 127

Zumindest eine Reihe von älteren tschechischen Zündungen hat einen Kerzenstecker, bei dem eine normale Kerze nicht passt. Da muss man entweder die Ersatzkerze beim Fachhändler bestellen oder man macht das, was der tschechische Motorhersteller auch macht, man sägt die obere Kerzenkappe einfach ab.

Ich würde allerdings beides nicht machen, sondern würde mir z.B. bei KPO einen passenden Nachrüststecker kaufen, den Originalstecker ersetzen und eine normale Kerze einbauen. Grund: Die Kerzenstecker mit der abgesägten Kerze sind allzu oft undicht. Deshalb haben die heutigen tschechischen Motoren auch „normale" Kerzenstecker.

Wenn es besonders eng wird unter einer Motorhaube, wird schon mal daran gedacht, die großen M14 Kerzen gegen die deutlich kleineren M10 Kerzen zu tauschen. Dafür gibt es passende Gewindeeinsätze zu kaufen. Aber Vorsicht! Die Ursprungskerze ragt mit ihren Elektroden in den Brennraum hinein, also da wo das Benzingemisch brennen sollte (Bild 125).

Wenn jetzt die kleine CM6 Kerze mit einem Gewindeadapter eingesetzt wird, liegen die Kerzenelektroden nicht mehr direkt im Brenntraum, sondern etwas versteckt im Kerzengewinde des Zylinderkopfes (Bild 126). Das wird (meistens) zu einer deutlichen Verzögerung beim Zünden führen und damit zu einem Leistungsverlust. Aber es kann auch dazu führen, dass aus dem ehemals braven Benziner ein bösartiger „Schläger" wird.

Um diese deutlichen Nachteile zu vermeiden, müsste der Zylinderkopf soweit nachgefräst werden, dass die Kerzenelektroden wieder an die alte Stelle im Brennraum zu liegen kommen (Bild 127). Das bedingt aber eine gute Werkstattausrüstung!

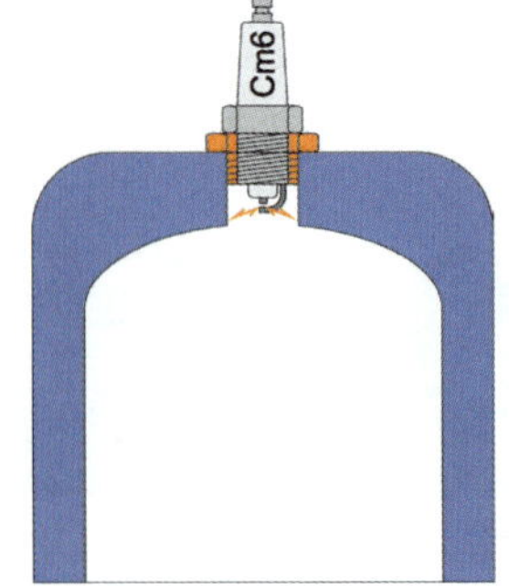

Abb. 126

Strom für die Zündung

Wie sagt man so schön: Von nichts kommt nichts!

Unsere Zündung braucht eine passende Stromversorgung. Zuerst heißt es festzustellen, welche Spannung die Zündbox verträgt. Dazu reicht ein kurzer Blick in die Betriebsanleitung oder noch besser auf das Zündgehäuse. Wenn da steht: 4,8 bis 6 Volt, dann ist diese Zündung ein typischer Fall für einen vierzelligen NIMH-Akku. Der kann frisch geladen locker 6 Volt haben und entladen irgendwas bei 4,5 Volt. Die Zündungen brauchen nicht sehr viel Strom. Ich habe beispielhaft an einer der vielen chinesischen Zündungen den Verbrauch gemessen.

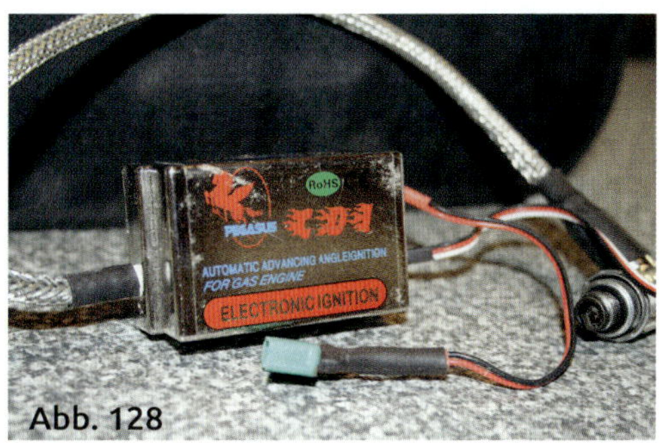

Abb. 128

Der Stromverbrauch liegt bei einer Drehzahl von 6.000 1/min bei etwa 500 mA. Da spielen die Kabelquerschnitte zwar keine so wichtige Rolle, aber bitte keine dünnen Ser-

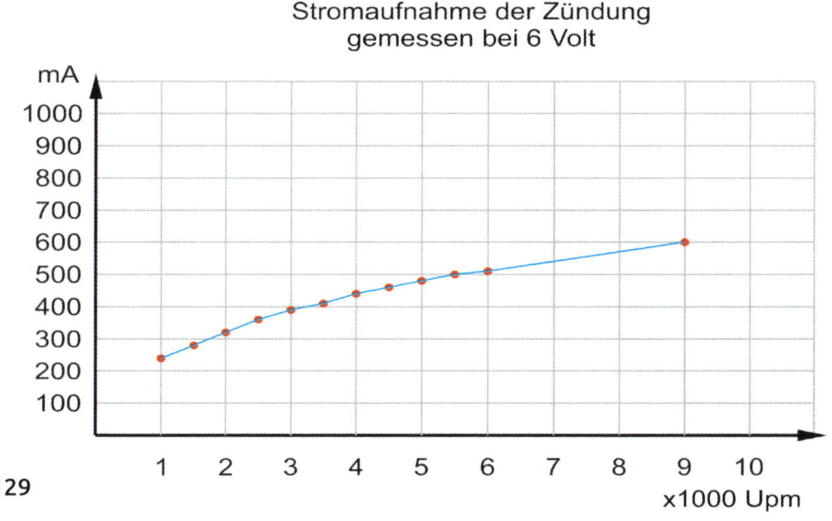

Abb. 129

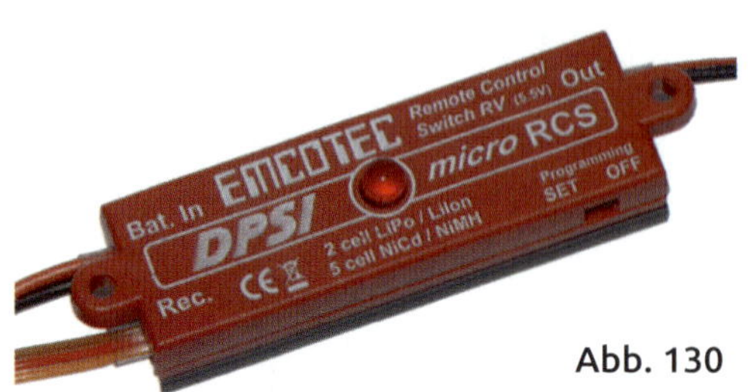

Abb. 130

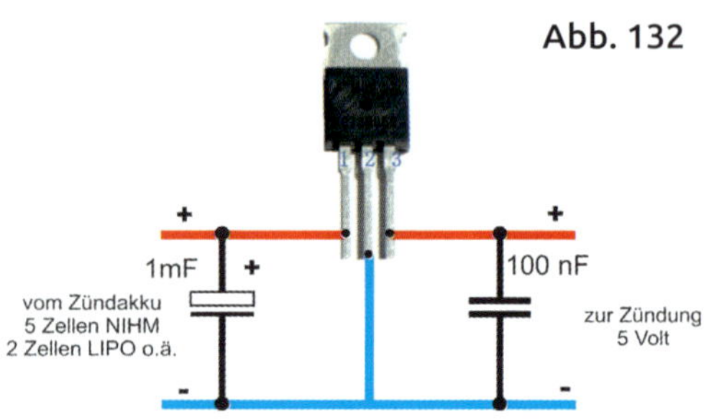

Abb. 132

vokabelquerschnitte nehmen. Ich verwende grundsätzlich für Stromversorgungen 1 mm²-Kabel.

Die Zündungen reagieren aber alle heftig – bis zur Zerstörung – auf Überspannung. Wer, wie ich selbst auch, komplett auf Lipos und ähnliche Zellen umgestellt hat, kann diese Akkus nicht direkt an eine 6-Volt-Zündung anschließen.

Ich betreibe alle meine 4,8 bis 6 Volt Zündungen grundsätzlich über einen Spannungsregler. Den kann man fertig z.B. bei iRC Electronic/ Emcotec (DPSI Micro – RCS) kaufen und ist sogar per Sender schaltbar. Oder nimmt den Sparkswitch von Powerbox, den es auch mit einer passenden Ausgangsspannung gibt. Oder man baut sich für kleines Geld einen Spannungsregler selber.

Im Elektronikshop kann man die drei nötigen Bauteile kaufen. Einen Festspannungsregler LM7805 und die beiden Kondensatoren. Das ist leicht auf einem Stück Lochrasterplatte aufbaubar und funktioniert bestens.

Noch besser ist es, die geregelte Spannung an die obere Grenze des erlaubten Bereiches zu legen. Wenn also eine Zündung für 4,8 bis V ausgelegt ist, dann kann man die Ausgangsspannung des Reglers durch ein oder zwei Dioden anheben (Abb. 133).

Man kann aber auch direkt einen 6-Volt-Festspannungsregler in die kleine Schaltung einlöten. Wer es besonders gut macht, schraubt den Spannungsregler auf einen kleinen Kühlkörper.

Ich habe mir seit vielen Jahren angewöhnt, die Zündung nicht mit einem mechanischen Schalter, der in der Modellwand eingebaut ist, einzuschalten. Ich nehme grundsätzlich einen Schalter, den ich über meinen Sender bedienen kann. Das ist nicht nur Luxus, sondern auch sehr nützlich. Zum einen sind die elektronischen Schalter viel sicherer, als die mechanischen. Zum anderen

Abb. 131

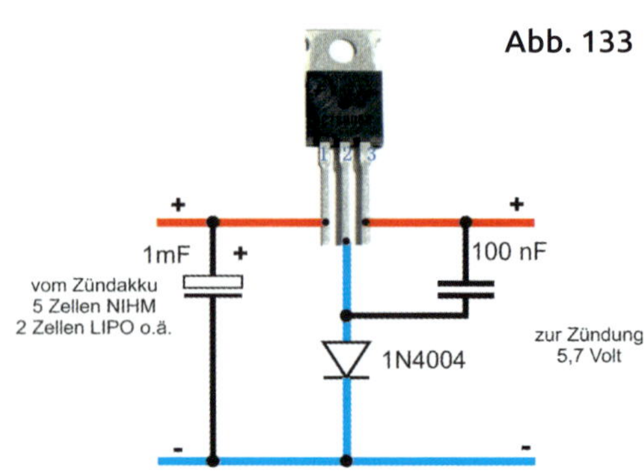

Abb. 133

habe ich damit die einfache Möglichkeit, den Motor bei Bedarf in der Luft auszuschalten. Wer schon mal wegen eines defekten Drosselservos 45 Minuten lang den Tank leerfliegen musste, weiß, wovon ich rede. Und da gibt es noch ein paar andere unangenehme Situationen, wo man gerne den Motor ausschalten würde.

Bei den beiden Geräten von iRC Electronic und Powerbox ist die Fernbedienung ja schon eingebaut. Aber wie geht das mit dem selbst gebauten Spannungsregler? Da schalten wir einfach einen der preiswerten chinesischen Killswitche davor. Davor heißt, zwischen Akku und Spannungsregler, damit der Spannungsregler nicht auch im ausgeschalteten Zustand Strom verbraucht.

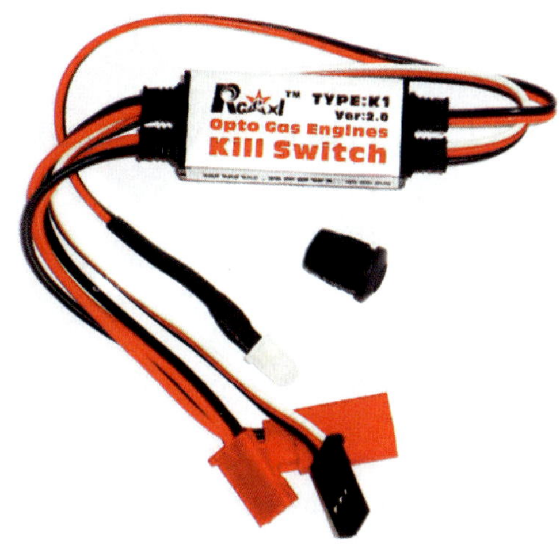

Abb. 134

Was rein geht, muss auch wieder raus!

Ich habe über einige Kapitel verteilt ausführlich die Themen Vergaser und Zündung am Benziner besprochen. Also wie das Verbrennungsgemisch richtig dosiert in den Motor gelangt, um dort heftig zu verbrennen und Leistung zu produzieren. Aber was rein geht, muss auch wieder raus!

Ab jetzt soll es um den Auspuff oder Schalldämpfer gehen. Und das speziell bezogen auf den 2-Taktmotor, weil dort die richtige Schalldämpfung besonders schwierig ist. Vorab möchte ich aber eins ganz deutlich machen: Es wird hier nicht um Formeln und wissenschaftliche Grundsätze gehen, sondern um ein paar Bemerkungen und Tipps, nach denen ich in den langen Jahren meines Hobbys recht gut gefahren bin – oft auch aufs Selbstmachen. Man kann es sich natürlich auch einfacher und zugestandenerweise auch erfolgreicher machen, wenn man fertige Teile bei den etablierten Herstellern kauft.

Als ich vor vielen Jahren meinen ersten „Diesel“ bekam, hatte der natürlich keinen Schalldämpfer. So was gab es nicht und war auch gar nicht gewollt. Mein Taifun Rasant hatte aber auch nur 2,5 cm³ Hubraum und war zwar laut, blieb aber im Rahmen.

Als dann der erste Super Tigre 56 mit fast 10 cm³ Hubraum kam, war das Geräusch nur noch für uns eingefleischten Modellfliegern erträglich. So hat es auch nicht lange gedauert, bis die ersten Schalldämpfer zu kaufen waren. Wir haben die Dinger natürlich selbst gebaut, mein Vater war nämlich ein besonders sparsamer Kaufmann, somit war das Taschengeld entsprechend knapp. Unsere zusammengelöteten Schalldämpfer waren eigentlich nur Leistungsdrosseln. Das Verständnis für die wesentlichen Zusammenhänge hatte uns niemand erklärt. Wir haben aber zumindest gelernt, wie man hartlötet – eine gute Voraussetzung beim Schalldämpferbau.

Heute wird der Schutz der Umwelt richtigerweise großgeschrieben und ist ein wichtiger Beitrag auch zum problemlosen Zusammenleben mit unseren Zeitgenossen, die nicht alle Modellflieger sind. Also ist auch das Thema Schalldämpfung unserer Modellantriebe ernst zu nehmen.

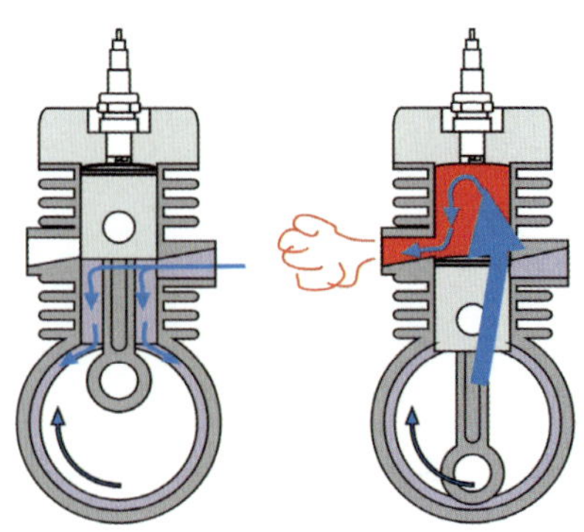

Abb. 135

Was passiert denn nun mit dem so heftig verbrannten Treibstoffgemisch? Dazu sehen wir uns erst einmal zwei Skizzen (Bild 135) an.

Von den Spülvorgängen in einem 2-Takter brauchen wir nur zwei Situationen betrachten. Der Einfachheit halber habe ich einen kolbengesteuerten Motor für meine Skizze gewählt. In der linken Skizze steht der Kolben oben und verschließt dabei den Auspuffschlitz. Der Ansaugkanal vom Vergaser wird von der Kolbenunterkante freigegeben, wodurch das Frischgas vom Unterdruck im Gehäuse eingesaugt wird. Der Unterdruck kommt durch die Aufwärtsbewegung des Kolbens zustande.

Nach der Zündung durch die Zündkerze saust der Kolben nach unten und verschließt dabei den Ansaugtrakt, öffnet aber schlagartig den Auspuffschlitz, wie in der rechten Skizze dargestellt. Die unter hohem Druck stehenden Verbrennungsgase entweichen mit einem heftigen Knall. Soweit wäre es einfach. Beim 2-Takter werden aber auch die sogenannten Überströmkanäle während der Abwärtsbewegung des Kolbens freigegeben. Ich habe diese Kanäle nur durch einen dicken blauen Pfeil dargestellt. Das bedeutet, dass gleichzeitig mit dem Ausströmen der Abgase auch das neue, frische Treibstoffgemisch in den Zylinder gefördert wird. Leider sind die beiden Vorgänge „Abgas“ und „Überströmen“ beim 2-Takter nicht zu trennen. Deshalb kann es sein, dass ein Teil des frischen Gemisches mit dem Abgas gleich wieder ins Freie verschwindet. Frischgasverlust heißt natürlich auch Leistungsverlust.

Beim 4-Taktmoor sieht das ganz anders aus. Ein kompletter Arbeitszyklus verteilt sich auf 2 volle Umdrehungen (Bild 136). Beim ersten Abwärtshub ist nur das Einlassventil offen, wodurch Frischgas angesaugt wird. Beim folgenden Aufwärtshub sind beide Ventile geschlossen und das Luft/Benzin

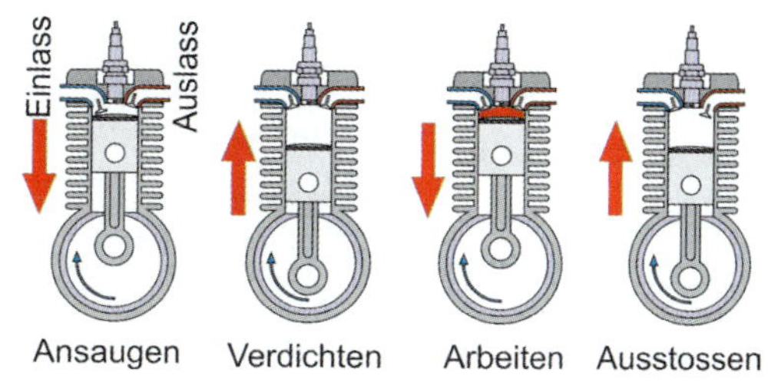

Abb. 136

Gemisch wird verdichtet. Beim anschließenden Abwärtshub und geschlossenen Ventilen wird gezündet und Arbeit geleistet. Der letzte Hub – aufwärts – stößt die Verbrennungsgase bei geöffnetem Auslassventil wieder aus. Bei solchen klaren Verhältnissen hat man es mit der Schalldämpfung auch erheblich einfacher. Hier reicht oft eine längeres Stück Rohr oder ein Stück Wellrohr völlig aus.

Doch wieder zurück zur Schalldämpfung beim 2-Takter. Der müsste eigentlich ohne irgendeinen Schalldämpfer wegen der Frischgasverluste die geringste Leistung haben. Das stimmt manchmal, aber nicht immer. Jede Schalldämpfung erzeugt nämlich auch einen Druck gegen das ausströmende Abgas, hindert also den Gaswechsel. Wenn ein Dämpfer zu viel Widerstand aufbaut, reduziert er die Motorleistung. Es gilt mithin einen guten Kompromiss zu finden zwischen Widerstand gegen die Abgase und Verhinderung von Frischgasverlusten. Und das alles bei geringster Lautstärke.

Fangen wir an.

Viele der größeren Modellmotoren werden mit einem kleinen, direkt angeflanschten Dämpfertopf ausgeliefert.

Für eine wirksame Schalldämpfung sind die Dinger zu klein und sorgen für eine nennenswerte Leistungsreduzierung durch zu viel Strömungswiderstand. Die preiswerten Chinamotoren haben meist eine superleichte Aludose beigepackt. Sie setzt den Gasen zwar nur wenig Widerstand entgegen, ist dafür aber mehr ein Schallverstärker als Dämp-

Abb. 137

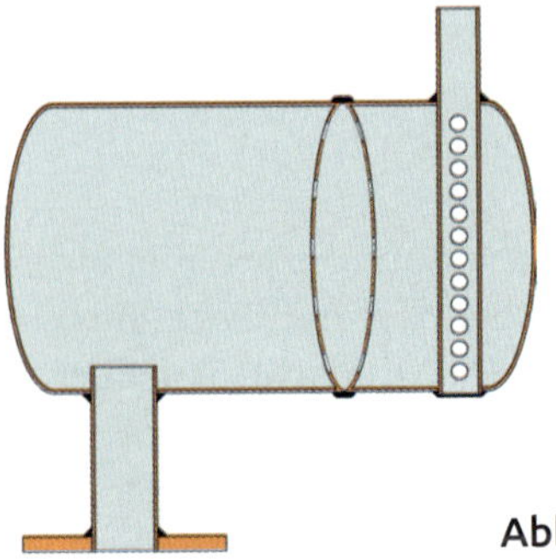

Abb. 138

fer. Wer Schalldämpfung ernst meint, sollte so was nur verwenden, um daran einen richtigen Dämpfer anzuschließen. Oder man legt sie gleich in die Sammelkiste für den Schrottsammler.

Die erste Grundforderung für einen funktionieren Dämpfer ist ausreichendes Volumen. Ich habe irgendwann gelernt, dass zu einer möglichst widerstandsarmen Schalldämpfung mindestens das 10fache Volumen des Motorhubraums nötig ist. Wenn man statt der Minitöpfchen auf dem Foto 137 etwas mit größerem Inhalt hätte, würde man schon erfolgreicher sein.

Bei manchen Modellen ist so ein direkt angeschraubter Topf platzmäßig von Vorteil, weil meist noch alles unter die Motorhaube passt. Ein gutes Beispiel ist die so genannte „Banane" von Krumscheid oder eine maßgeschneiderte Lösung von Zimmermann oder Toni Clark.

Wer den Katalog von Toni Clark aufmerksam studiert, der findet einen tollen Bastelvorschlag für einen Selbstbau Expansionsdämpfer – mit dem richtigen Volumen und mehreren Kammern.

Zwei unterschiedlich große Gaskartuschen werden am Boden zusammengelötet. Dazu nimmt man am besten sogenanntes Silberhartlot. Die Böden werden gelocht und bilden mit dem gelochten Auslassrohr einen gestaffelten Tiefpassfilter. Beide Gaskartuschen haben ein Volumen von etwas über 450 cm3, also nach der Regel des 10fachen Hubvolumens wunderbar passend für einen Motor wie den ZG38.

Was tun, wenn man einen Expansionsdämpfer für ein anderes, größeres Hubvolumen bauen möchte? Wer mit offenen Augen z.B. durch die 1-Euro-Läden läuft, findet bestimmt diese fantastischen doppelwandigen Edelstahlthermoskannen. Ich habe mir bei meinem letzten Modellprojekt gleich ein paar für 5,- € das Stück angeschafft.

Die im Bild 139 gezeigte Flasche hat einen Liter Inhalt. Wer im Besitz einer dieser für mich unentbehrlichen Einhandflexen ist und auch noch eine 1 mm dicke Trennscheibe montiert hat, kann damit ganz leicht den Schraubkopf der Thermoskanne abtrennen und erhält zwei Edelstahlkörper aus einem weniger als 0,5 mm dickem, rostfreien Blech zum Bau von richtig großen Schalldämpfern.

Abb. 139

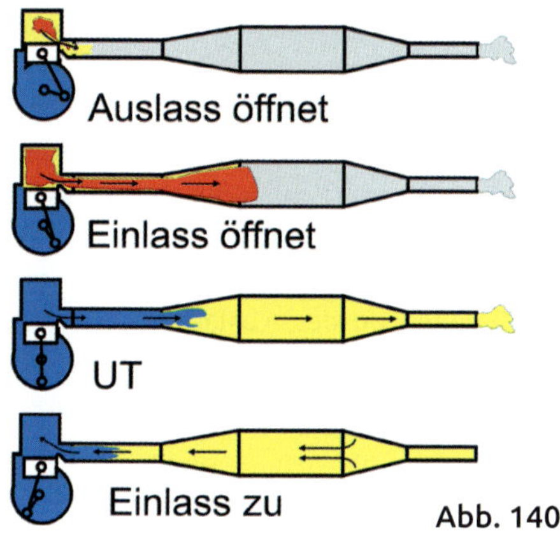

Abb. 140

Doch ehe wir dazu kommen, sollten wir uns noch mal an das Problem der Spülverluste beim 2-Takter erinnern. Die Expansionsdämpfer tun nämlich nichts dagegen.

Irgendwann hat ein kluger Mensch den Resonanzauspuff für 2-Takter erfunden, der darauf basiert, dass jede pulsierende Schwingung unter bestimmten Voraussetzungen in Resonanz zu bringen ist. Da bei jeder Umdrehung unseres Motors ein bestimmter Ablauf immer wieder kehrt, ergibt sich eine Pulsation. Ansaugen, verbrennen, ausstoßen usw.

Schauen wir uns einmal schematisch diesen Vorgang in Verbindung mit einem sogenannten Resonanzauspuff an. Wohl verstanden, es handelt sich in der Skizze 140 nicht um einen Schalldämpfer, da kommen wieder später wieder drauf zurück.

Das Benzingemisch wurde gezündet und tritt durch das Auslassfenster im Zylinder in den Auspuff. Der Einlass für frisches Gemisch ist noch nicht geöffnet. Wenn das passiert, hilft der Druck des Frischgases die Abgase aus dem Zylinder heraus zu drücken. Leider sind aber jetzt Auslass und Einlass beide offen und das Frischgas ist heftig in Schwung, wodurch ein nennenswerter Anteil mit den Abgasen in den Auspuff gelangt und eigentlich verloren wäre.

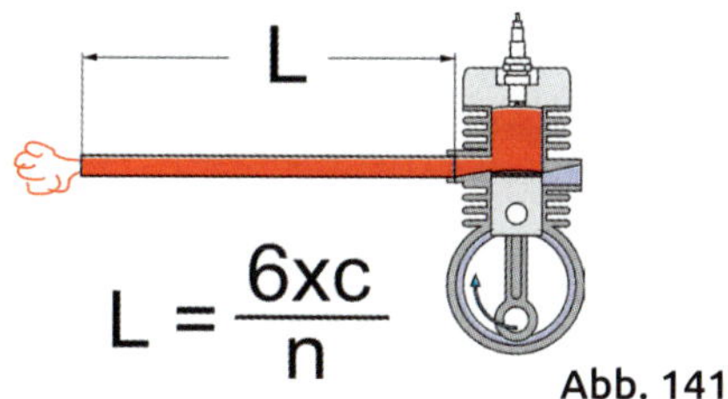

Abb. 141

Spätestens nach dem Schließen des Einlassfensters hört der Frischgasdruck aus dem Kurbelgehäuse auf. Wenn jetzt die Länge des Auspuffs richtig gewählt wurde, erreicht die Abgassäule gerade den zweiten Konus, den sogenannten Gegenkonus, und wird von dort zurückgeworfen. Das eigentlich verlorene Frischgas wird über den Auspuffschlitz in den Brennraum zurückgedrückt und steht bei der nächsten Verbrennung zum Wohle einer höheren Leistung wieder zur Verfügung. Keine Sorge, ich werde hier keine Bastelanweisung oder sogar Berechnung für Resonanzauspuffanlagen geben. Die Skizzen sollen nur dem Verständnis dienen. Wer mehr darüber wissen will, besucht einfach mal die Internetseite von Dr. Martin Hepperle, die ich in diesem Zusammenhang wirklich hervorragend finde: http://www.mh-aerotools.de/airfoils/javapipe_de.htm

Ich möchte auch den „Besuch" auf einer anderen Internetseite empfehlen, die ebenfalls ganz verständlich so allerhand um den 2-Takt-Motor/Dämpfer herum erzählt: http://www.zweitaktertuning.de/cgi-bin/2tloader.pl?reqsite=Formel_Auslass

In einigen Hobbybereichen, z.B. Speedmodelle, Rennboote oder Gokarts sind Resonanzauspuffanlagen, eventuell kombiniert mit einem schalldämpfenden Teil, Standard. Es werden teilweise bis zu 30% Mehrleistung damit erreicht.

Peter Demuth hat seinerzeit in seinem tollen Modellmotorenbuch das ganze Prinzip auf ein Stück gerades Rohr reduziert (Zeichnung 141). C ist die Schallgeschwin-

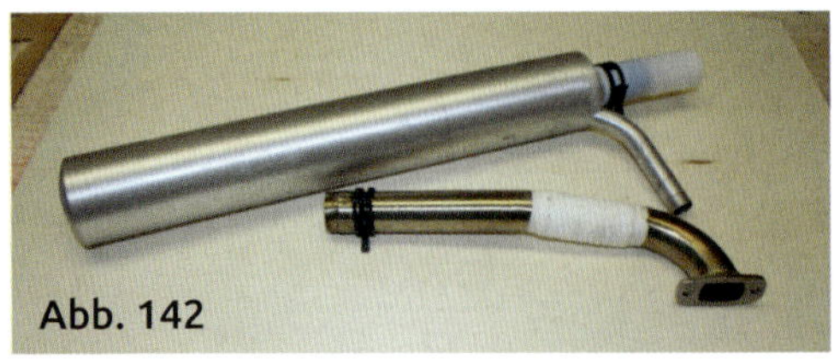
Abb. 142

digkeit im heißen Gas (cm/s), n die Drehzahl des Motors (1/min). Das Ergebnis L kommt dann in cm heraus. So schön einfach, wie die Formel aussieht, macht sie uns Normalmodellfliegern doch schon bei der Bestimmung der Schallgeschwindigkeit im heißen Gas die ersten Probleme. Noch schwieriger wird es, wenn zu dem geraden Rohr auch noch ein Dämpfer dazu kommt. Wir sollten mit der letzten Skizze nur verstehen, dass Rohrlängen beim Schalldämpfer eine Wirkung haben. Beim Boxermotor wäre es z.B. schon ganz schlecht, wenn die beiden Flammrohre nicht zumindest die gleiche Länge hätten.

Ich möchte hier aber unsere Normalmodellflieger ansprechen, die im Vereinsbetrieb immer mit der Lautstärke ihrer Antriebe zu kämpfen haben.

Zum Verständnis der „normalen“ Schalldämpfer reicht es, die Zusammenhänge beim Resonanzauspuff zu kennen. Soll der Motor mit einem kleinen Propeller bei höheren Drehzahlen in Resonanz kommen, dann ist die Länge von der Auslassöffnung bis zum Gegenkonus kürzer, als bei einer Motor/Propellerkombination für niedrigere Drehzahlen.

Die Schalldämpfer aus dem käuflichen Angebot, wie z.B. die hier abgebildeten für den DLE111 bestehen dem eigentlichen Dämpferkörper und einem Krümmerrohr.

Das sind sicherlich keine Resonanzanlagen. Es lohnt sich aber, die Gesamtlänge „abzustimmen“, um bei der Betriebsdrehzahl das Meiste aus seinem Motor heraus zu holen, sprich zumindest zum Teil die Frischgasverluste zu minimieren.

Der Aufbau ist meist sehr ähnlich. Als Beispiel zeige ich in der Zeichnung 143

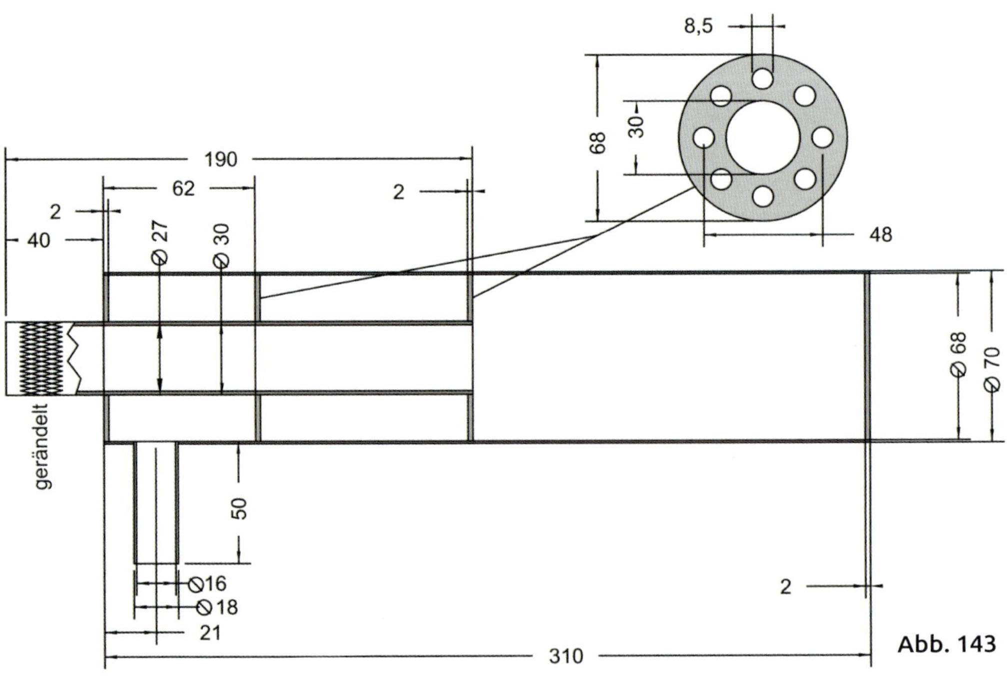

Abb. 143

Abb. 144

Abb. 145

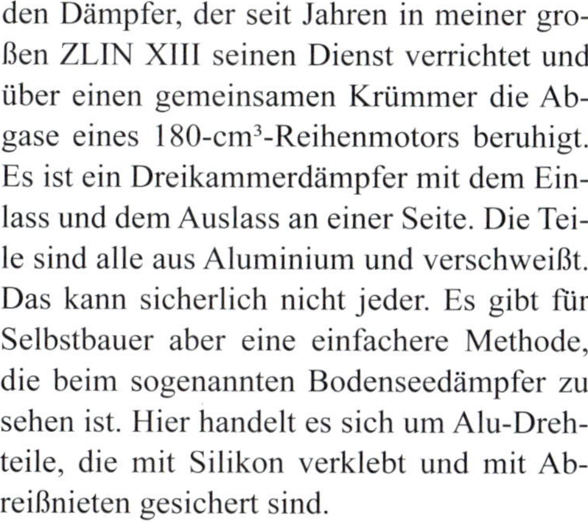

den Dämpfer, der seit Jahren in meiner großen ZLIN XIII seinen Dienst verrichtet und über einen gemeinsamen Krümmer die Abgase eines 180-cm^3-Reihenmotors beruhigt. Es ist ein Dreikammerdämpfer mit dem Einlass und dem Auslass an einer Seite. Die Teile sind alle aus Aluminium und verschweißt. Das kann sicherlich nicht jeder. Es gibt für Selbstbauer aber eine einfachere Methode, die beim sogenannten Bodenseedämpfer zu sehen ist. Hier handelt es sich um Alu-Drehteile, die mit Silikon verklebt und mit Abreißnieten gesichert sind.

Etwas schwieriger zu bauen, dafür aber mit dem halben Gewicht, sind Dämpfer aus Alu-Azetonspraydosen (Bilder 145 & 146). Im Prinzip wie mein Dämpfer in der ZLIN, wiegt so ein Spraydosendämpfer aber nur 195 Gramm. Alle Verbindungen sind geschweißt. Das muss man natürlich können. Es geht aber auch – allerdings nur mit viel Übung – mit Alu-Hartlöten.

Wichtig sind ein klares Konzept und die Bereitschaft zu ändern. Ich habe noch nie einen Dämpfer gebaut, der auf Anhieb so funktioniert hat, wie ich es haben wollte. Besonders die Bestimmung der Krümmerlänge ist wichtig.

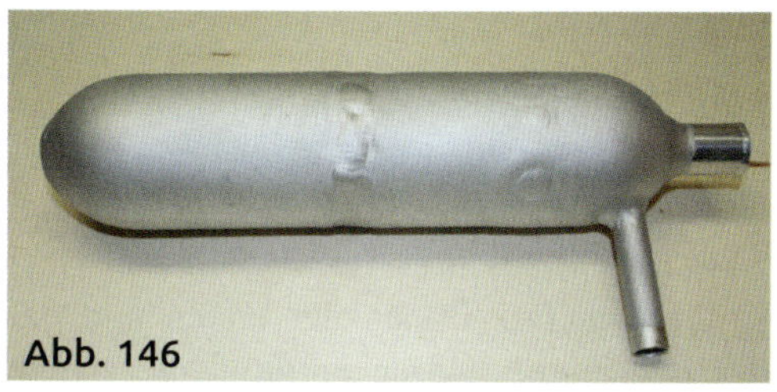

Abb. 146

Um damit etwas klarer zu sehen, habe ich mir einen Testdämpfer mit nur zwei Kammern gebaut, dessen innere Wand verschiebbar war. Der Aufwand lohnt sich sicherlich nicht, da man von den professionellen Dämpferlieferanten ruhig man ein paar Daten übernehmen darf.

Bei einem meiner Besuche beim Schweizer Selbstbauertreffen in Huttwil habe ich Dieter Deyerler getroffen, der dort eine große Pilatus Porter mit einem 80er-ZDZ vorführte. Ich habe staunend zugehört und zuerst geglaubt, einen E-Antrieb zu erleben. Der Antrieb in der Porter war so toll zusammengestellt, dass wohl auf jedem Flugplatz ein Lärmpass erstellt werden würde.

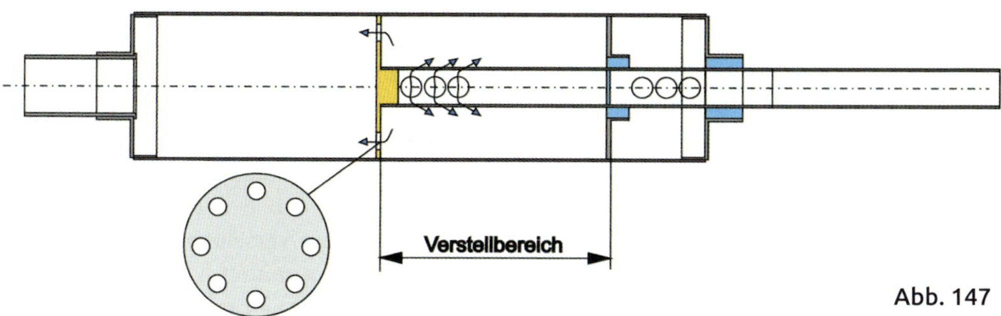

Abb. 147

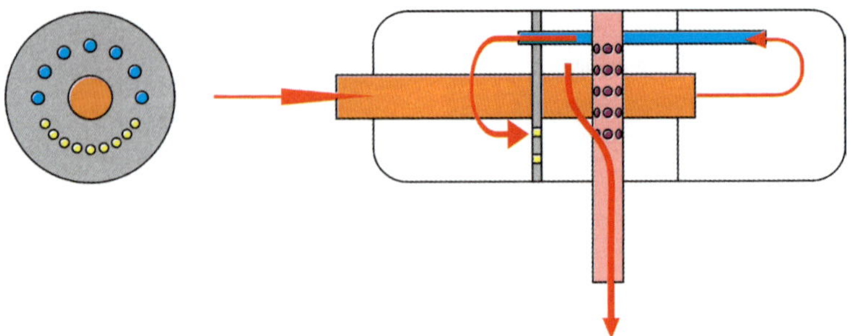

Abb. 148

Sein Dreikammerdämpfer (Zeichnung 148) besteht aus drei Teilstücken von Gaskartuschen. Der Boden der ersten und der dritten Kammer wurde entfernt, die zweite Gaskartusche ist mit Boden und Deckel verbaut. Das Krümmerrohr geht durch die erste und zweite Kammer bis in die dritte Kammer. Sieben Rohre mit 10×0,3 gehen von der dritten Kammer in die erste Kammer (durch die zweite Kammer). Neun Löcher mit 6 mm sind in die Wand von der ersten Kammer zur zweiten Kammer gebohrt. In der zweiten Kammer befindet sich das Auslassrohr, dieses ist oben und unten verlötet und hat 16 Löcher mit 4 mm. Das Auslassrohr hat die Maße 12×0,5. Fertig wiegt das Ganze 440 g. Mit diesem Superdämpfer kann man Einzylinder-Motoren von 50 bis 80 cm³ Hubraum zivilisieren. Oder Reihenmotoren mit entsprechendem Hubraum je Zylinder.

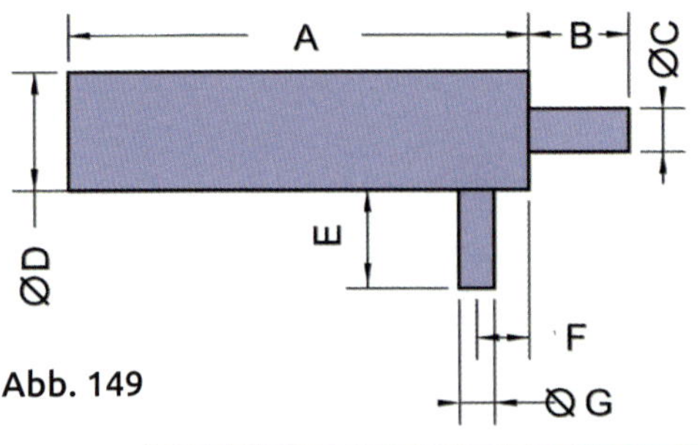

Abb. 149

	A	B	C	D	E	F	G	Gewicht
Bis 30 ccm	295	40	20	55	70	20	15	215 g
Bis 60 ccm	295	50	25	65	40	20	15	350 g
Bis 90 ccm	310	40	30	70	50	20	18	350 g

Im Anhang dieses Buches ist eine Reihe von Zeichnungen einiger Beispieldämpfer abgebildet, die das ganze Spektrum an Hubraum abdecken, was so auf den Modellflugplätzen vorkommt. Gezeichnet sind sie als Aluminiumdämpfer, sind aber ganz leicht auf anderen Materialien anpassbar.

Die Kleinsten decken den Hubraumbereich bis 30 cm³ ab. Es sind Vierkammerdämpfer. Die nächste Größe reicht bis 60 cm³ und die größte Variante schließlich verträgt auch 90 cm³ Boliden.

Lautstärke und vor allem der Sound sind voll in Ordnung. Die Gewichte sind vielleicht etwas an der oberen Grenze. Das ist aber beabsichtigt, um durch die dickeren Wandstärken jedes blecherne Geschepper zu vermeiden.

Die Zeichnungen zeigen auch alle einen Smokeanschluss, den man natürlich auch weglassen kann. Neben den Typen mit einem vorderen Einlass und einem vorderen Auslass, sind auch alle als Durchgangsdämpfer vorne rein/hinten raus gezeichnet.

Die Flammrohrlänge kann aber jeder testen und sollte das auch tun, wenn was selbst gebaut hat oder vom Dämpferhersteller für den aktuellen Motor keine sichere Angabe vorliegt.

Dazu ist nur ein langes Stück Teflonrohr nötig, das man auf den Krümmerenden in passender Länge verschiebt. Wenn man die richtige Länge ermittelt hat und der Krümmer zu kurz ist, kann man mit dem Teflon-

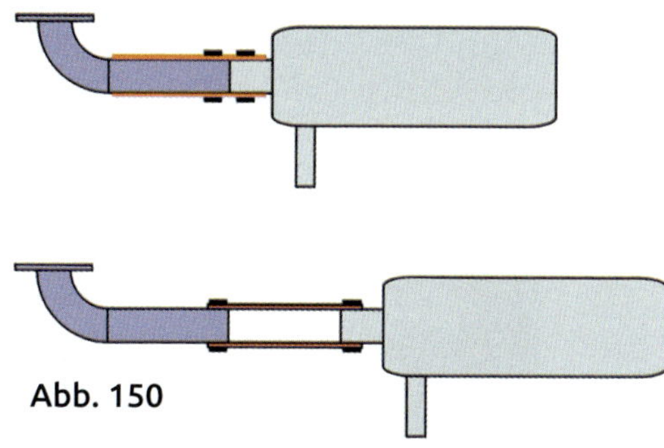
Abb. 150

rohr als Zwischenstück nicht auf Dauer fliegen. Teflon wird unter Temperatur weich und fließt. Nach kürzester Zeit wird sich ein Ballon bilden und das Rohr wird platzen. Da gehört stattdessen ein Stück Metallrohr dazwischen, entweder lose mit Klammern oder besser hart angelötet.

Wie stellt man fest, dass die Rohrlänge stimmt? Das ist nicht schwierig. Man montiert den Propeller, der beim Fliegen verwendet werden soll, stellt seinen Motor im warmen Zustand optimal ein und misst die Drehzahl. Die Drehzahl ist aber nicht allein maßgebend. Der Motor sollte in jedem Drehzahlbereich sauber laufen und vor allem sicher Gas annehmen. Die Krümmerlänge wird probeweise verändert und Drehzahl und Laufverhalten gemessen und geprüft. Die Länge, bei der der Motor in allen Bereichen sauber läuft und auch noch die höchste Drehzahl hat, ist die richtige.

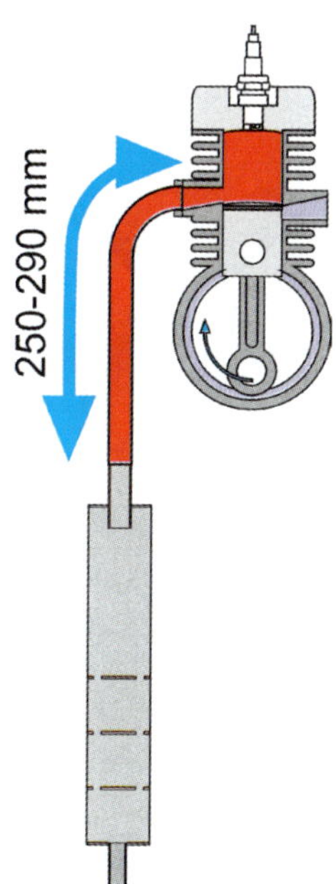

Abb. 151

Wenn ich heute neu plane, gehe ich von Drehzahlen bis etwa 5.500 1/min aus, die uns wegen der Propellergeräusche wahrscheinlich nur erlaubt sind. Dabei fange ich mit einer Krümmerlänge von 25 bis 29 cm an und lasse diese Motor/Dämpferkombination auf dem Prüfstand laufen. Was jetzt folgt, nennt man im schönen Neudeutsch die Trial-&-Error-Methode, also probieren. Der Krümmer wird solange gekürzt, bis das Drehzahlmaximum wieder unterschritten wird. Dann einen Längenschritt zurückgehen und es passt.

Zum Thema Schalldämpfer gehört natürlich auch das Thema Dämpfer-Halterung. Das lange „wackelige“ Gebilde aus Flammrohr und dem eigentlichen Dämpfer muss irgendwie und irgendwo so festgemacht werden, dass es die kleinen Minibewegungen beim Motorbetrieb gefahrlos (= bruchfrei) mitmachen kann.

Eine erste flexible Verbindung wird mit einem Stück Teflonrohr und zwei Klammern hergestellt. Da Teflon unter Druck und Temperaturfluss nachgibt, müssen als Klemmen Federklammern eingesetzt werden, normale Schlauchschellen würden sich in kürzester Zeit lockern.

Abb. 152

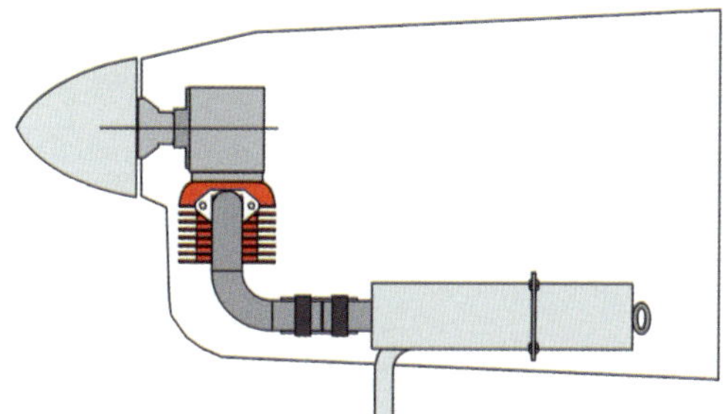

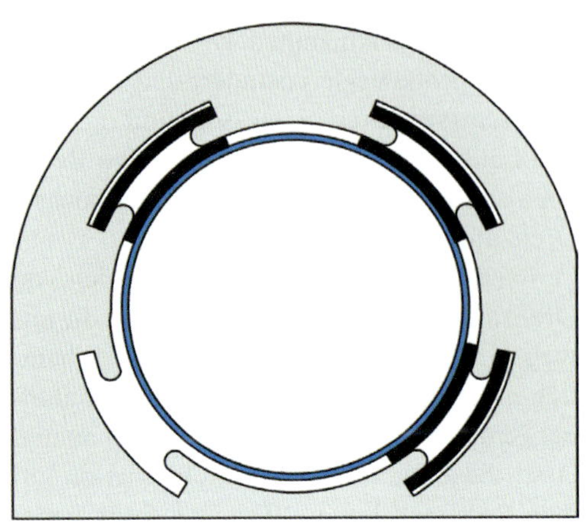

Abb. 153

Als Hauptlager für den Schalldämpferkörper setze ich seit langen auf eine schwingende Lagerung in kurzen Schlauchstücken, die in einer Scheibe aus GFK-Material eingeklemmt sind. Die Schlauchstücke müssen natürlich temperaturfest sein, also aus Silikon oder Perbunan bestehen.

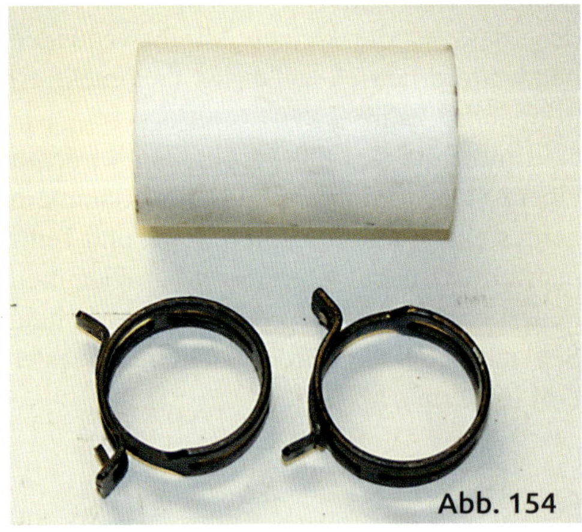

Abb. 154

Abb. 156

Was jetzt noch fehlt, ist eine Absicherung gegen den Dämpferinnendruck, der unter Hitzeeinwirkung versucht, Flammrohr und Dämpfer auseinander zu drücken. Man sollte als Erstes die Enden des Flammrohrs etwas bördeln und den Einlassstutzen des Dämpfers rändeln oder auch leicht bördeln, wie auf dem Foto 156 zu sehen. Noch besser und vielleicht sogar zusätzlich, kann man hinter das Dämpferrohr ein Stück Silikonschlauch als Prellbock einbauen, wie es in der Skizze 152 zu sehen ist.

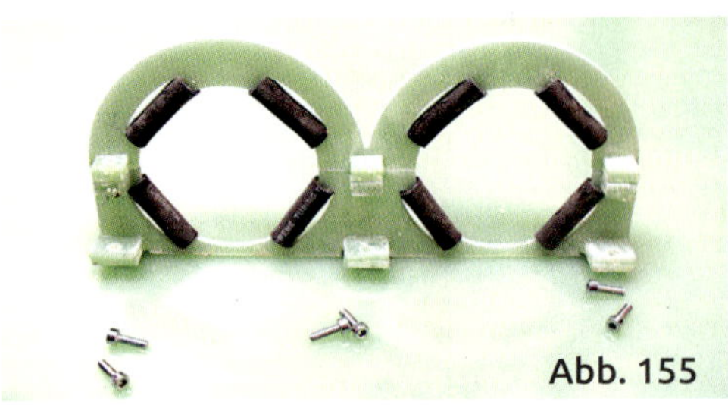

Abb. 155

Flammrohr

Ein Flammrohr ist die Rohrverbindung zwischen dem Auspuffflansch am Motor und dem Einlass in den Schalldämpfer. Bei den Drehzahlen (<6.000 1/min), die auf unseren Modellflugplätzen wegen des Lärmpegels gerade noch toleriert werden, schlägt eine gut nutzbare Faustformel, wie schon im Kapitel über die Schalldämpfer erwähnt, eine Flammrohrlänge von 250 bis 290 mm vor. Wird das Flammrohr deutlich länger gemacht, erreicht der Motor nicht mehr seine Maximaldrehzahl, wird zu kurz abgestimmt, kann er heiß laufen.

Wahrscheinlich werden die meisten Modellflieger, so wie ich auch, das Flammrohr zum Schalldämpfer selbst löten. Das ist auch wegen der vielen zur Verfügung stehen „Halbzeuge“ meist auch kein Problem. Man kauft sich bei den einschlägigen Firmen im passenden Durchmesser eine Handvoll Rohrbögen und ein Stück gerades Rohr. Wenn man Glück hat, gibt es auch noch einen speziellen Flansch zum Motor. Und jetzt könnte es eigentlich los gehen. Erfreulicherweise ist ein Mehrzylindermotor für das neue Modell vorgesehen, z.B. ein Zweizylinder-Reihenmotor oder sogar ein Vierzylinder-Boxermotor. Auf jeden Fall sollen jeweils zwei Zylinder gemeinsam in ein Flammrohr münden, da beide ja nie gleichzeitig feuern. Wie muss das Flammrohr in diesem Falle denn richtigerweise aussehen? Wenn man die beiden Zylinderauslässe wie im Foto 157 gezeigt zusammenführt, ist das zwar hohe Lötkunst, aber motortechnisch völlig falsch. Der vordere Zylinder wäre mit einer Rohrlänge von 280 mm für unseren Drehzahlbereich genau richtig ausgelegt, der hintere Zylinder würde aber mit nur 205 mm zum Heißlaufen verdammt sein.

Löttechnisch viel einfacher und motortechnisch viel richtiger ist eine Lösung in Form eines „Y“. Die Skizze 158 zeigt zwei Varianten. Hier hat jeder Zylinder dieselbe Abstimmlänge beim Flammrohr. Die linke Variante ist strömungsmäßig etwas besser,

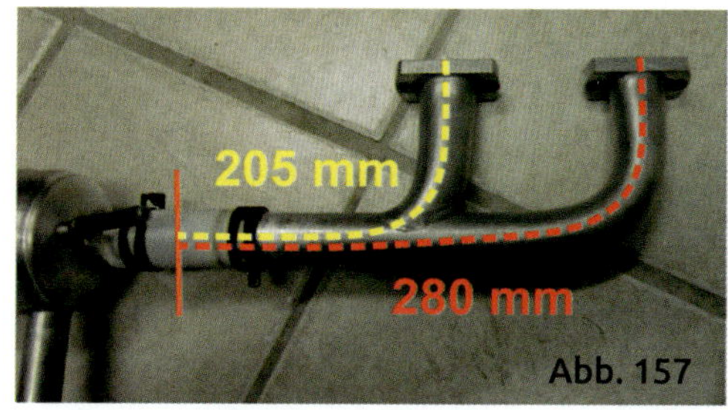

Abb. 157

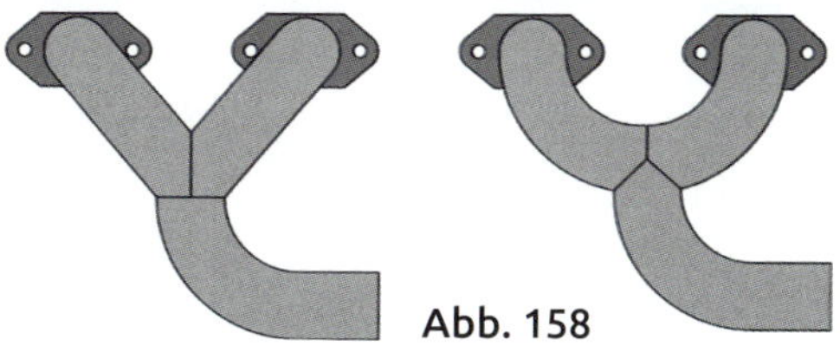
Abb. 158

Abb. 159

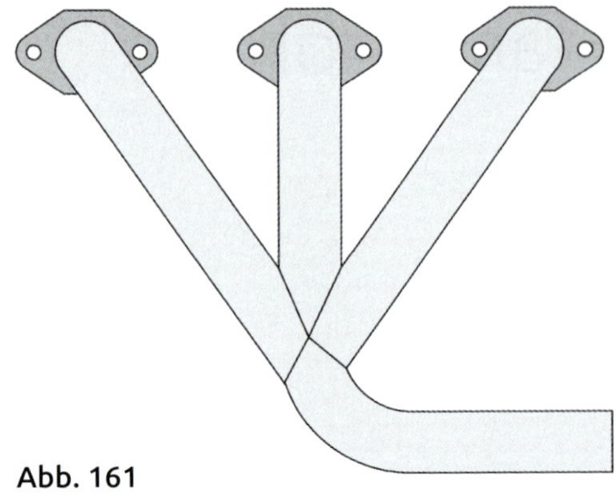

Abb. 161

dafür ist die Rechte einfacher zu bauen. Wer viel Glück hat, findet vielleicht sogar, wie im Foto 159 an einem 4-Zylinder DLE Boxer zu sehen, einen 180-Grad-Rohrbogen, der genau zum Auslassabstand des Motors passt.

In meiner Jugendzeit gab es noch eine ganze Reihe von Autos mit 2-Takt-Motoren. Da gab es z.B. die Firma DKW (heute Audi), die mit dem Slogan Werbung machte: 3=6. Das ist zwar mathematischer Unsinn, sollte aber suggerieren, dass drei 2-Takt-Dreizylinder gleich ruhig laufen, wie sechs 4-Takt-Sechszylinder. Naja … Es stimmte zumindest in der Anzahl der Zündungen je Umdrehung. Auf jeden Fall ist damals wohl meine besondere Beziehung zu Dreizylinder-Reihenmotoren geboren worden. Das Foto 160 zeigt meinen 270-cm^3-Motor und den Schalldämpfer in „Warteposition“

Abb. 160

an seiner Einbaustelle. Wie muss denn dafür ein Flammrohr aussehen? Drei gleichlange Rohrbögen müssten in Form eines „W“ in ein Endrohr münden. Das wäre für den ersten und den dritten Zylinder einfach zu machen, aber der mittlere Auslassbogen müsste mit einem zusätzlichen „Hüftschwung“ auf die Länge wie bei den beiden anderen Zylindern gebracht werden. Sehr schwierig, zu schwierig für eine normale Hobbywerkstatt.

Eine einfachere Alternative stellt eine Art Zwischendämpfer dar. Da münden die direkten Rohrauslässe an den einzelnen Zylindern erst einmal in ein gemeinsames, dickeres Rohr. Von da werden die Abgase dann in den eigentlichen Dämpfer angeführt. Das ist zwar leistungsmäßig schlechter als eine gut gemachte „W“-Lösung, aber besser als eine schlecht gemachte „W“-Lösung. Ich habe diese Methode schon etliche Male angewendet und bisher nur gute Ergebnisse bekommen. Allerdings wird bei der Hartlöterei sehr genau zu arbeiten sein, damit nicht leichte Verzüge zu Verspannungen führen, die auf Dauer ganz bestimmt zu Materialbrüchen an den Lötstellen führen müssen. Z.B. muss man mit dem Flammrohr zielgenau vom Motorflansch bis zum Eingangsrohr des Dämpfers kommen. Das mag bei einem Einzylinder „freihändig“ so gerade noch gehen, aber wenn mehrere Zylinder angebunden werden sollen, ist das schon eine schwierige Aufgabe. In einem FMT-Bericht habe ich irgendwann einmal gelesen, dass sich jemand vor dem Zusammenlöten eines komplizierten Flammrohres das Teil erst einmal aus Kunststoffrohrteilen aus der Elektroinstallation zusammengeklebt hat und anschließend dieses Kunstwerk als Muster an eine der Dämpferfirmen geschickt hat. Die haben danach das echte Auspuffrohr gemacht. Das ist bestimmt eine gute Möglichkeit, an einen passenden Krümmer zu kommen. Dann gibt es ja auch noch die „flexiblen“ Krümmerteile, als Flexrohr oder mit beweglichen Kugelgelenken. Auch eine prima Lösung! Bei meinen Motoren habe ich auch mit dieser Möglichkeit geliebäugelt, aber mir schließlich doch meist den Spaß des Selbermachens gegönnt. Als Denkanstoss möchte ich hier etwas ausführlicher den Weg zu dem doch etwas komplizierteren Flammrohr am Dreizylinder erzählen.

Ich starte immer mit einer Zeichnung oder zumindest einer Skizze. Da ich kein echtes CAD-Programm beherrsche, mache ich solche Zeichnungen in Corel Draw. Die Bögen gehen in eine 40-mm-Vorkammer. Von dort wird das Abgas zwischen zwei Einführstellen ausgeleitet und verschwindet in den eigentlichen Dämpfer. Die nötigen Materialien habe ich bei der Fa. Zimmermann bestellt, d.h. die Rohrbögen mit 28 mm Durchmesser, das gerade 40er-Rohr mit zwei genau passenden Einlötböden und ein Stück gerades 28er Rohr. Damit aus der Löterei kein Gewurschtel wird, habe ich mir eine Helling für die Krümmerteile gebaut.

Abb. 163

Aber zuerst galt es, die genaue Position des Dämpfereingangsrohres zu ermitteln. Dazu habe ich einen Sperrholzrest an den Flansch des hinteren Zylinders geschraubt, an dem ein zweites Reststück genau vor dem Eingangsrohr liegend festgeklebt wurde. Mit so einer Hilfskonstruktion ist es dann ganz einfach, die „Mündung“ des Dämpfers auf das Sperrholz zu übertragen. Um in das 40er-Rohr exakt die nötigen drei Bohrungen für die 90-Grad-Bögen zu schneiden, kam eine zweite Vorrichtung als Spannvorrichtung zum Einsatz.

So fixiert konnte ich in meiner CNC-Fräse die drei großen Bohrungen perfekt einfräsen. Die Fräsmaschine ist eigentlich nicht für Metallbearbeitung gedacht, aber mit ein paar Einstellungen geht das auch. Die Fräs-

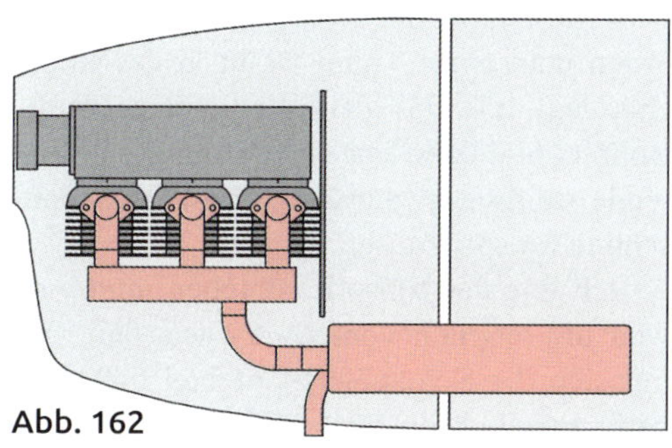
Abb. 162

Abb. 164

Abb. 165

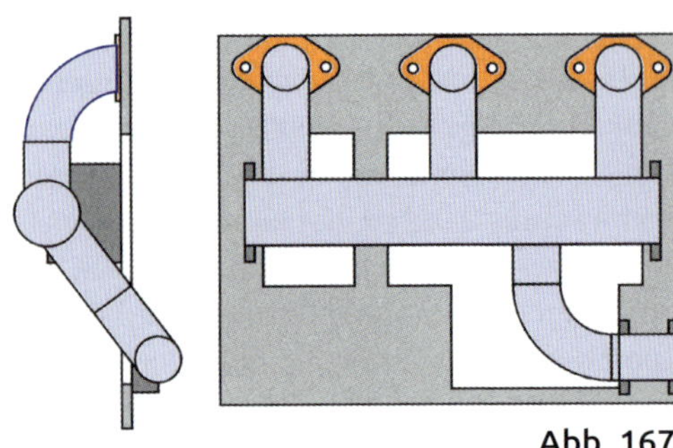
Abb. 167

spindel wurde auf niedrigste Drehzahl (etwa 8.000 1/min) gestellt und der Vorschub des Fräsers sollte nicht schneller als 3 mm/sek sein. Wenn man dann noch dafür sorgt, dass immer etwas Schneidöl am Fräser ist, sollten die Bohrungen ganz leicht zu machen sein. Ich habe übrigens einen 1,6 mm dicken Fräser mit Diamantschliff dafür genommen, die gleiche Type, mit der ich auch alle meine Holzteile fräse. Wichtig ist es, die Fahrgeschwindigkeit der Z-Achse deutlich zu senken, damit sich das dünne Edelstahlrohr unter dem Druck des eintauchenden Fräsers nicht verbiegt. Das vierte Loch im Zwischendämpfer für den Auslassbogen wurde in derselben Vorrichtung gefräst. So, der erste Schritt wäre erledigt.

Dann bekam meine Fräse doch noch etwas Holz zu verarbeiten. Auf einer 6-mm-Sperrholzplatte wurden die die Flanschpositionen der Zylinder und eine Lagerung für den 40er Zwischendämpfer hergestellt.

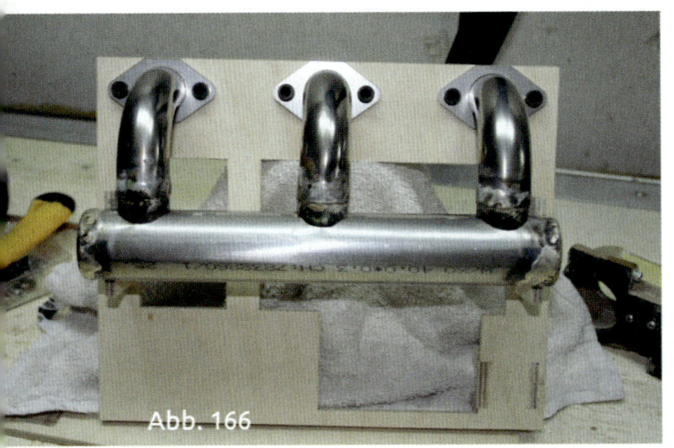
Abb. 166

Auf der Rückseite der Holzhalterung gab es noch eine Bohrung, durch die der Krümmerbogen zum Dämpfereingang genau positioniert wurde. Jetzt konnte alles direkt in dieser Helling verlötet werden, was natürlich eine Menge Qualm und Stinkerei gab. Dafür passte das Teil aber genau am Motor und am Dämpfereingansstutzen. Für die Motorflansche nehme ich übrigens kein Silberlot mit niedriger Schmelztemperatur mehr, nachdem sich so ein Flansch an einem meiner Modelle ausgelötet hatte. Dort nehme ich Lot mit 900 Grad Schmelztemperatur. Die anderen Teile sind wegen der einfacheren Verarbeitung aber mit 650 Grad Silberlot gemacht.

Das Smokeöleinspritzröhrchen habe ich erst einmal am letzten Bogen entlang geführt und dann in das Teilstück vor dem Dämpfer eingelötet. Ich mache es meist aus 4-mm-Messingrohr, das an einem Ende geglüht und abgeschreckt wird. Durch das Abschrecken wird Messing butterweich – anders als Stahl. Wenn man einen 1-mm-Draht in das Röhrchen legt, z.B. das glatte Ende eines 1-mm-Bohrers und dann mit einer Zange das Rohrende beidseitig zudrückt, formt sich eine schöne Einspritzdüse.

Ich löte das Einspritzröhrchen immer so weit als möglich vom Motor weg ein, damit sich die Smokeöleinspritzerei nicht negativ auf die Motordrehzahl auswirkt. Beim

Dreizylinder in meiner RYAN, an dem dieser Dämpfer sitzt, bleibt die Motordrehzahl auch beim Smoken völlig konstant. Mehr zu diesem Thema im Kapitel „Smoken“.

Die fertige Anlage hat sogar den Lärmpass bekommen und smoked, dass es eine Freude ist. Mit solchen „Einmal-Hellingen“ kann man jede Flammrohr/Krümmerlösung positionsgenau zusammenlöten.

Abb. 168

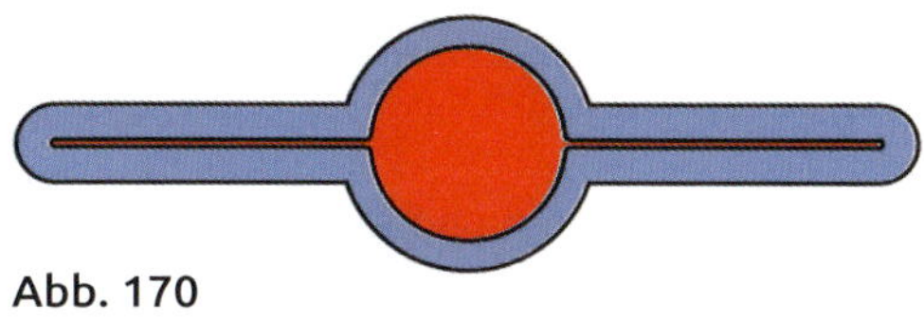
Abb. 170

Abb. 169

Abb. 171

Die Smokeanlage

Wenn man das Thema Schalldämpfer behandelt, gehört das Thema Smoker natürlich dazu. Es sieht ja auch toll aus, wenn man mit seinem Modell möglichst bei blauem Himmel, eine dicke Rauchspur ziehen kann. Richtige Könner schaffen es sogar, ein Smiley ins Blaue zu malen. Was ist dafür nötig?

Ist doch einfach! Man kauft sich einen Dämpfer mit Smokeanschluss. Dazu kommt noch eine der professionellen und perfekten Smoke-Pumpen. Alles kommt ins Modell und wird irgendwie so angesteuert, dass man per Senderbefehl mit der Qualmerei beginnen kann. Ein zweiter Tank für das Smokeöl ist noch einzubauen und man muss sich mit dem Spezialöl versorgen. Spätestens jetzt hat man gemerkt, dass Smoken ganz schön teuer sein kann.

So einfach wollen wir es uns aber doch nicht machen. Man sollte verstehen, was da so vor sich geht. Damit das Modell so eine schöne Rauchfahne in den blauen Himmel malen kann, wie im Foto von meiner RYAN, muss im Auspuffsystem möglichst viel Paraffinöl o.ä. unter Sauerstoffabschluss verdampfen. Es ist also kein Verbrennungsprozess. Bei manchen Modellen kann man einen schönen satten Qualm sehen, bei anderen

Abb. 167

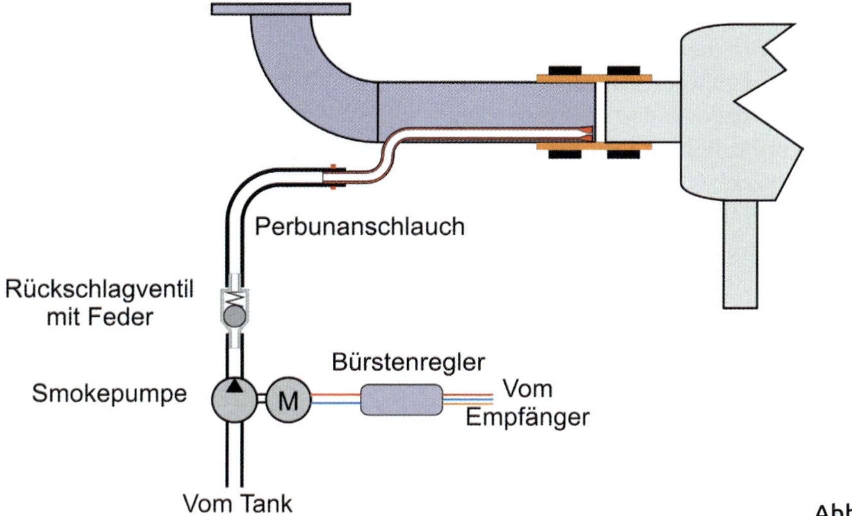

Abb. 173

sieht das eher so aus, als ob der Motor etwas zu fett eingestellt worden ist. Voraussetzung für viel Qualm ist erst einmal viel Öl, aber dieses Öl muss auch verdampfen können und soll ja nicht wieder als flüssiges Öl austreten und nur das Modell einsauen.

Zum Verdampfen ist Heizenergie aus dem Auspuffsystem nötig. Es muss aber auch genügend Volumen des heizenden Auspuffgases vorhanden sein. Bei einem kleinen 10er-Benziner wird man nie den Smoke, wie bei einem dicken 150er-Boxer erwarten können. Und heiß muss es sein an der Stelle des Auspuffsystems, an der man das Smokeöl einspritzt. Die höchste Temperatur herrscht im Flammrohr. Also habe ich bei meiner RYAN auch dort die Einspritzstelle hingelegt. Das Ergebnis war erstaunlich. Beim Einschalten der Smokepumpe gab es unmittelbar tollen Smoke, aber Sekunden später ging mein Motor deutlich hörbar in der Drehzahl zurück. Was war passiert? Ich hatte die Einspritzstelle zu nahe an den Motor gelegt, wodurch per Resonanzschwingung bei meinem gut abgestimmtem Auspuff (siehe das Kapitel zu den Schalldämpfern) bei Vollgas nicht nur das flüchtige Frischgas in den Zylinder zurückgedrückt wurde, sondern auch eine große Menge des Smokeöls. Logisch, dass man so eine Rückwärtsreaktion unter keinen Umständen haben möchte. Die Lösung war einfach und hat sogar noch einen Vorteil gebracht. Ich habe ein Messingröhrchen an der ursprünglichen Einspritzstelle eingelötet und dann innen ganz nach hinten bis ans Ende des Flammrohrs geführt. Da wurde es noch einmal fixiert. Jetzt trat das Smokeöl weit genug vom Motor entfernt in das Dämpfersystem ein und wurde dabei auch noch richtig gut durch die längere Rohrführung vorgewärmt.

Wir brauchen also als Erstes dieses Röhrchen, über das das Smokeöl in den Dämpfer eingespritzt werden kann. Ich nehme einfach ein 4-mm-Messingrohr und presse es auf einer Seite mit der Kombizange vorsichtig auf einen kleinen Spalt zusammen. Damit beim Zusammenpressen das Rohr nicht bricht, muss es vorher zum Glühen gebracht worden sein und in Wasser abgeschreckt(!) werden. Bei Messing ist es anders als bei Stahl. Beim Abschrecken wird Messing butterweich und gewinnt die alte Härte erst wieder nach einem erneuten Glühen und anschließendem langsamen(!) Abkühlen. Am Ende des Flammrohres wird dieses Röhrchen hart eingelötet und zeigt mit der platten Seite nach hinten. Die Verengung des Austritts dient dazu, das Öl etwas feiner zu verspritzen. Ideal wäre ein Ölnebel, was aber ohne eine Spezialdüse nicht erreichbar sein dürfte.

Ich habe zwei Methoden bei meinen Modellen in Benutzung, die beide ganz gut funktionieren. Man presst mittels Kombizange das Rohrende um einen 0,8 bis 1 mm dicken Draht (Bohrerschaft) herum platt. Dann tritt das Smokeöl mit erhöhter Geschwindigkeit nur noch aus dem kleinen Loch aus.

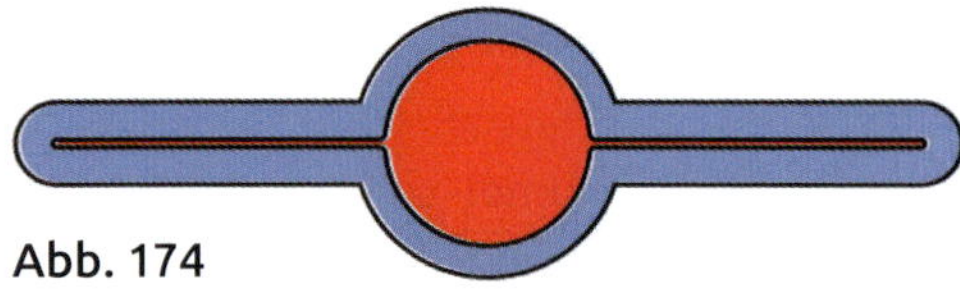

Abb. 174

Bei der anderen Methode wird das Rohrende komplett platt gedrückt. Damit ein gleichmäßiger Spalt entsteht, schiebe ich beim Zusammenpressen die Ecke einer Fühlerlehre ein, Fühlerdicke 0,3-0,4 mm.

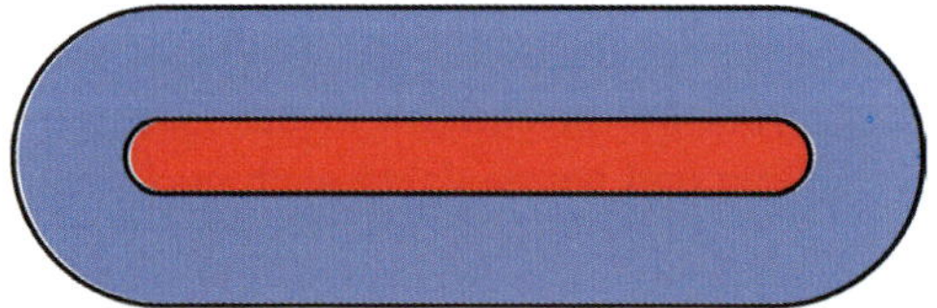

Abb. 175

Wie schon gesagt ist die Menge des produzierten Qualms auch abhängig von einer guten Vorheizung des Smokeöls. Bei meiner RYAN habe ich das Messingeinspritzrohr so lang es geht an die Innenwand des Auspuffkrümmers entlang gelegt. Da wird das Öl optimal vorgewärmt, ehe es aus der Düse austritt. Mit etwas weniger Vorwärmung geht es aber auch extern, wenn man das Rohr außen am Flammrohr entlang legt und zur besseren Wärmeleitung mehrfach anlötet.

Abb. 176

Wer gut mit Messingrohr umgehen kann, legt eine Rohrspirale um den Krümmer herum. Bei zehn Windungen kommt locker eine Vorheizlänge von 900 mm zusammen. Das geht allerdings nur, wenn die Smokepumpe diesen Rohrwiderstand auch überwinden kann. Allerdings muss die Spirale auch noch mit dem Krümmerrohr verlötet werden, sonst ist der Wärmeübergang nicht gut genug. Man muss also auch noch gut hartlöten können. Ich bin meist zu faul dazu, eine Vorheizspirale zu biegen, es geht ja auch ganz manierlich mit dem innen liegenden längeren Einspritzrohr.

Als Pumpe kann man alles einsetzen, was sich nicht durch das Smokeöl zersetzt. Hervorragend sind die kleinen Kerosinpumpen der Turbinenfreunde, aber leider auch sehr teuer. Bei meinen Modellen habe ich eine der superpreiswerten kleinen Lamellenpumpen aus dem Schiffmodellbau im Betrieb.

Abb. 177

Die ersten Pumpen hatte ich über einen billigen kleinen Bürstenregler angesteuert. Nach den Probeflügen war aber klar, dass die Smokeölmenge voll aufgedreht sein konnte, also ein Regler eigentlich nicht nötig ist.

Da ich außerdem festgestellt hatte, dass der Akku für die Smokepumpe über Nacht deutlich an Kapazität verloren hatte, wurde eine Strommessung gemacht, die bei abgeschalteter Fernsteuerung bei dem kleinen Bürstenregler einen nutzlosen Ruhestrom von fast 15 mA zeigte. Ich hatte also bei dem Reger doch wohl zu billig eingekauft und einen völlig ungeeigneten erwischt. Daraufhin wurde der Regler gegen einen elektronischen Schalter getauscht. Ich habe dafür den sogenannten Killswitch von RCEXL eingebaut, der eigentlich elektronische Zündungen schalten soll. Jetzt ist abgeschaltet keinerlei Ruhestrom mehr messbar und mein Akku entlädt sich nicht mehr ungewünscht.

In der Schlauchleitung von der Pumpe zum Dämpfer sitzt noch ein Rückschlagventil von Kavan, bei dem ich die Feder lang gezogen habe, um den Schließdruck etwas zu erhöhen.

Der Schließdruck musste etwas erhöht werden, damit beim Abschalten der Pumpe nicht zu lange noch Smokeöl in den Dämpfer gesaugt wird. Wenn es also doch leicht weiter qualmt, muss man die Federkraft erhöhen, also die Feder etwas lang ziehen. Aber das geht nur solange gut, wie der Druck der Pumpe noch das Ventil öffnen kann.

Wegen der hohen Hitze am Auspuffkrümmer, die sich auch auf das eingelötete Messingrohr überträgt, muss zumindest das Schlauchstück zwischen Rückschlagventil

Abb. 178

und Einspritzrohr aus Perbunan sein. Das ist der einigermaßen hitzebeständige schwarze Spritschlauch, der z.B. bei Toni Clark zu bekommen ist. Sicherheitshalber kommt bei mir an dieser Stelle noch eine kleine Schlauchklemme oder ein Wickel aus Bindedraht zum Einsatz.

Es fehlt nur noch das Smokeöl. Dafür gibt es einige Lieferanten, auch aus dem Modellbereich. Ich wohne nur einen Katzensprung von der holländische Grenze weg und hole mir im nächst gelegenen Supermarkt hinter der Grenze Farmlight Lampenöl für sagenhafte 2,- € je Liter. Das kostet hier bei uns in Deutschland im Versandhandel etwa 2,90 € bei Abnahme eines zwölf Flaschen Paketes.

Die Rauchentwicklung ist prima. Besser ist allerdings das Addinol Weißöl WX 15. Bei ähnlich dichtem Smoke wie bei dem Farmöl, steht der Rauch länger am Himmel. Der Preis dafür liegt bei einem 20-Liter-Gebinde bei etwa 4,- € je Liter.

Wohin mit dem Sprit?

Das Thema „Vergaser“ ist bereits ausgiebig besprochen worden. Aber wie kommt denn der Sprit zum Vergaser? Es geht also jetzt um den Tank. Sicher ist das Thema Tank auf den ersten Blick keine allzu große Sache, bis auf ein paar Kleinigkeiten, die aber ganz wesentlich zum guten Funktionieren des Motors betragen müssen. Das Tanksystem muss sicherstellen, dass unser Motor immer die richtige Menge und richtige Qualität an Treibstoff bekommt. Und das in jeder Lage, die das Flugmodell einnehmen kann.

Zuerst einmal ist er Reservoir für den Treibstoff. Dann muss er so ausgestattet sein, dass er in jeder Lage des Modells auch blasenfrei den Treibstoff liefern kann. Darüber hinaus darf die Lage des Tanks keinen Einfluss auf das Pumpvermögen der Membranpumpe des Vergasers haben. Zudem muss der Treibstoff auch noch möglichst ohne jeglichen Schmutz – selbst in kleinstem Format – d.h. feinst gefiltert zum Motor gelangen.

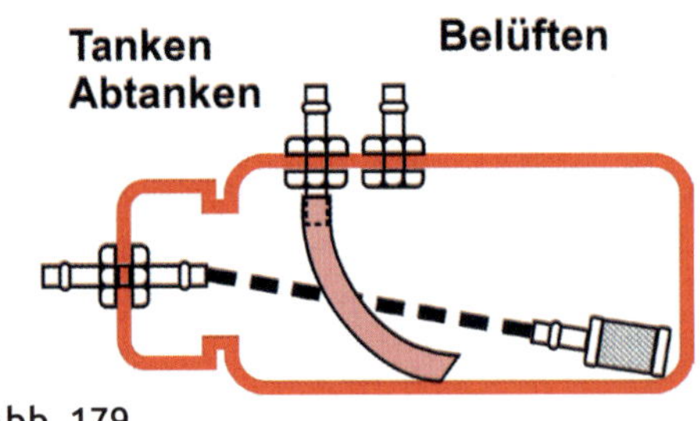

Abb. 179

Meine eigenen Tanks sehen seit vielen Jahren im Prinzip immer gleich aus. Es gibt einen Nippel auf der Tankoberseite zum Betanken und Abtanken. Mit einer Schlauchverlängerung reicht dieser Nippel bis zum Boden des Tanks. Dieser Anschluss ist beim Fliegen verschlossen. Dann habe ich noch einen weiteren Nippel oben auf dem Tank, der für die nötige Belüftung sorgt und über den beim Tanken das zu viel getankte Benzin ablaufen kann. Und nicht zuletzt gibt es zentral im Deckel des Tanks den Anschluss für ein flexibles Pendel mit einem Filzfilter an Ende. Diese Filzpendel sind genial einfach und ungeheurer wirksam. Der gesamte Treibstoff, der zum Motor gepumpt wird, erfährt in dem dicken Filz des Pendels eine Feinstfilterung, besser als jeder der bekannten, aufschraubbaren Alufilter es je machen könnte. Zweitens verhindert er ebenso wirksam, dass eventuell im Tank befindlicher Schaum zum Motor gelangen kann. Sein Nachteil ist,

Abb. 180

dass wegen seines Durchmessers der Tank nie ganz leer gesaugt werden kann. Da der Filz des Pendels den ganzen feinen Schmutz auf der Außenseite des Filzes sammelt, dürfte klar sein, dass man nie durch den Schlauch tanken darf, der vom Tank zum Motor führt. Wer so sein Model betankt, sammelt auf Innenseite des Filzes den Dreck und spült ihn beim Motorlauf auch sicher in seinen Motor. Also nie durch den motorseitigen Schlauch tanken! Ich habe in meiner Tankstation noch ein Filzpendel in der Saugleitung meiner Spritpumpe, wodurch bereits dort der Treibstoff vorgefiltert wird. Wahrscheinlich ist das der Grund, weshalb ich seit langen Jahren keinen verstopften Vergaser mehr hatte.

Übrigens, wegen der Filterwirkung sammelt sich über die Zeit eine Menge feinsten Schmutzes am und im Filz. Deshalb sollte man diesen spätestens dann wechseln, wenn die Außenseite eine satte dunkle Farbe angenommen hat. Es gibt verschiedene Filzpendeldurchmesser, der 14 mm reicht immer aus.

Wie nötig diese gute Filterwirkung ist, zeigt eine „Störung" im Betrieb des Motors in meiner großen ZLIN XIII. Zum Starten musste ich nicht mehr – wie sonst üblich – nur 4-5 Mal ansaugen, sondern allmählich 8 Mal oder zum Schluss der Saison sogar 20 Mal. Am guten Laufverhalten des Motors hatte sich aber absolut nichts geändert. Was war der Grund? Wie schon gesagt, verwende ich ein Filzpendel im Tank. Der Filz in meiner ZLIN hatte bereits vier Jahre lang jedes Tröpfchen Sprit zum Motor fein gefiltert. Als ich das Teil am Saisonende dann doch ausgebaut habe, war das Ansaugproblem beim Starten völlig klar!

Im Foto 181 sieht man drei Stadien der Verschmutzung. Rechts ist der Filzmantel des Pendels im Neuzustand zu sehen. In der Mitte sieht man den Zustand nach einer Saison. Ganz links habe ich ein aufgeschnittenes Stück aus der ZLIN fotografiert. Man erkennt bei dem völlig verdreckten Teil außen sogar einen tief schwarzen Ring. Ich tanke, wie die meisten, meinen Sprit an der Tankstelle in der Nachbarschaft, da wo ich auch mein Auto betanke. Im meiner Tankstation fürs Modell ist auch ein Filzpendel als Vor-Filter eingebaut. Trotzdem sind noch so viele Schwebestoffe in unserem Treibstoff, dass nach vier Betriebsjahren der Filterfilz schwarz geworden ist und natürlich auch „dichter" geworden ist. Die Membranpumpe im Vergaser hat das zwar gerade noch überwinden können, beim Handansaugen hat das aber nicht mehr so gut geklappt.

Was kann man daraus lernen? Man sollte nach einer intensiven Flugsaison mal einen Blick aufs Filzpendel werfen und bei Gelegenheit und Schwärzung den Filz auch gleich austauschen. Wer über die Spritleitung zum Vergaser getankt haben sollte, hat natürlich den meisten Dreck dann innen am Filz gesammelt und wird ihn auch in seinem Vergaser wiederfinden. Es gibt leider einige

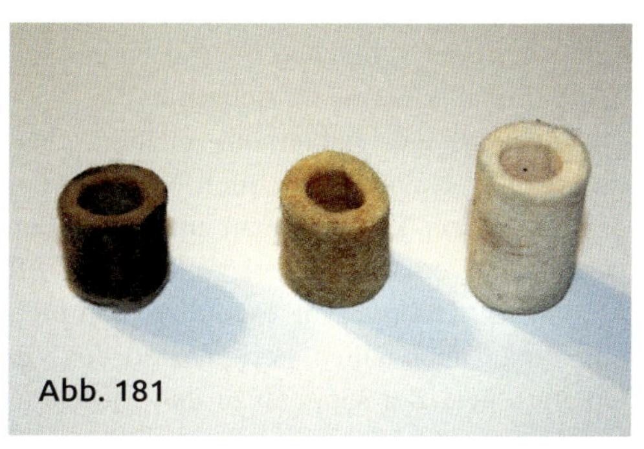

Abb. 181

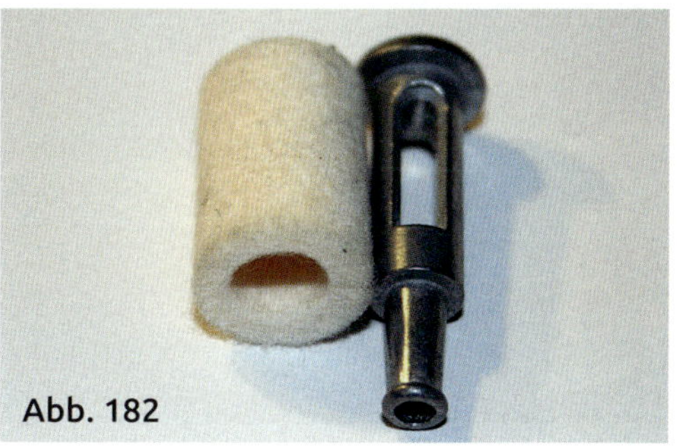

Abb. 182

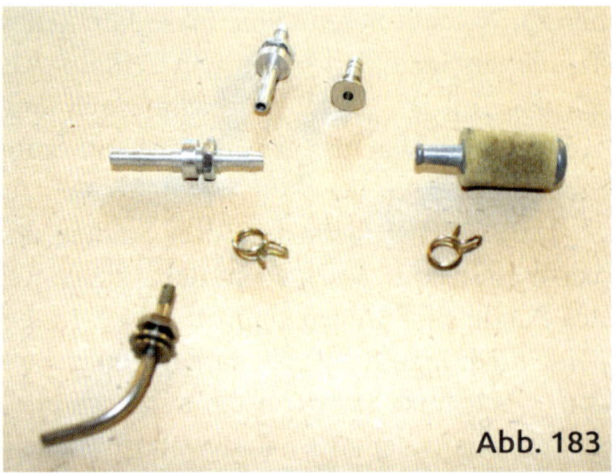

Abb. 183

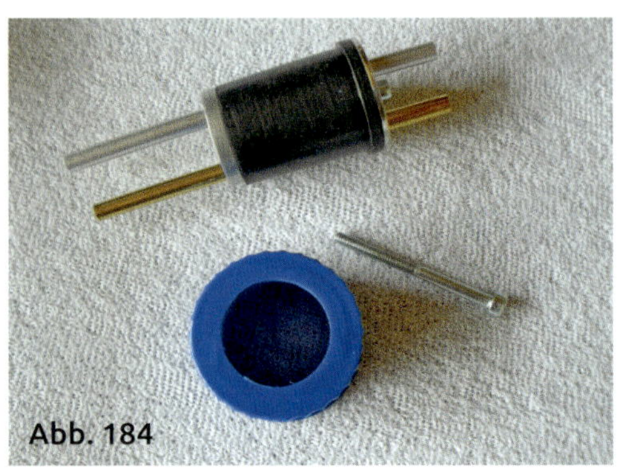

Abb. 184

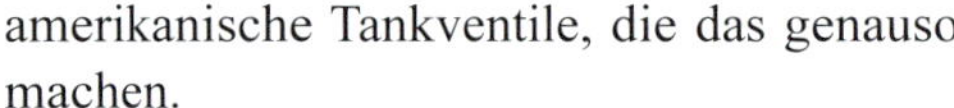

amerikanische Tankventile, die das genauso machen.

Das gerade Geschilderte zeigt auch deutlich, wie wirksam so ein Filzpendel ist. Es bleibt zwar immer etwas Sprit im Tank, auch dann, wenn abgetankt wurde. Dieser kleine Nachteil steht aber einigen gewichtigen Vorteilen gegenüber: völlig blasenfreie Leitungen und wirksame Filterung des Treibstoffes. Wichtig ist die richtige Auswahl eines Filzpendels.

Je größer der Außendurchmesser des Pendels ist, je mehr Sprit bleibt im Tank und ist nicht nutzbar. Der Stahlkern des Filzpendels sollte eine möglichst große Kammer haben, wodurch Luftblasen in der Spritleitung wirksam vermieden werden. Die Kammer wirkt im Kleinen in etwa so wie ein Hoppertank bei den Jetkollegen.

Durch nun wieder zurück zum Tank selbst. Man kann solche Tanks, meist als sogenannte Bausätze von den verschiedensten Lieferanten kaufen. Bausatz heißt, dass man die Armaturen selbst einbauen muss. Wenn man aber eh die Nippel selbst einbauen muss, dann kann man auch gleich alles selbst machen und besorgen.

Wer bei eBay „Weithalsflasche“ eingibt, bekommt eine Reihe von für uns nutzbaren Kunststoffbehältern angeboten. Weithalsflaschen sind deshalb so günstig für uns, da durch den großen Durchmesser der Flaschenöffnung die Nippelmontage vereinfacht wird.

Ich persönlich liebe die eckigen Ausführungen, da mit dieser Form der Tank im Modell sich nicht versehentlich drehen kann. Die Runden funktionieren natürlich genauso gut, man muss nur eine Verdrehsicherung, z.B. über ein Klettband machen.

Aus so einer Kunststoffflasche wird mit den richtigen Fittings ein Modellflugtank. Es ist ratsam, da wo ein Schlauch auf einen Nippel gesteckt wird, diese Stelle mit einem Kabelbinder oder – eleganter – mit einer kleinen Schlauchklemme zu sichern.

Die Jetflieger haben uns gezeigt, dass die stabilen Colaflaschen auch hervorragende Tanks sein können, man muss nur den passenden Verschluss dazu kaufen. Bei PR Medien & Hobby gibt es neben kompletten Tanks auch einen Perbunanstopfen für Colaflaschen, der saugend in den Flaschen-

Abb. 185

hals passt und der mit einer Überwurfmutter gesichert wird.

Ein anderes System – von der Fa. Richter – benutzt eine Aluminium-Überwurfmutter, deren Gewinde genau auf das Flaschengewinde passt.

Eine wichtige Entscheidung ist auch die Größe des Tanks. Lassen wir einmal den übergroßen Treibstoffbedarf eines Schleppmodells außer Acht, dann reicht für Motoren bis 50-60 cm³ ein Tank mit 500 ml Inhalt völlig aus, bis 100 cm³ reichen 750 ml und ein Kunstflugmodell mit 150 cm³ Motor braucht auch nicht mehr als 1 Liter Tankinhalt. Diejenigen, die nur Vollgas kennen, sollten aber den Tank eine Nummer größer wählen.

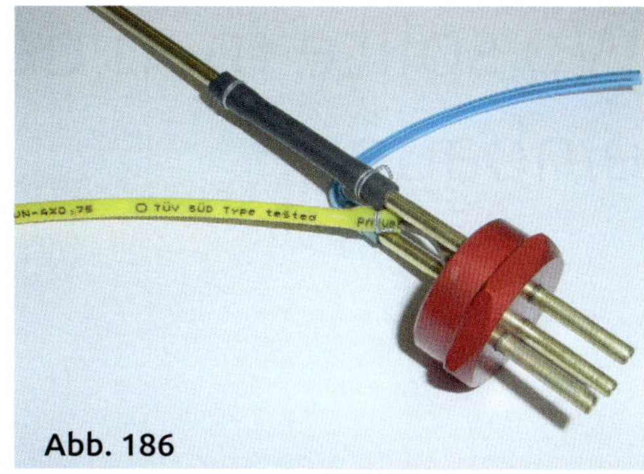

Abb. 186

Wo sollte man den Tank im Modell einbauen?

Die Pumpe in den Vergasern der Benzinmotoren erleichtert die Wahl der Tankposition erheblich. Es ist kein Problem, den Tank genau in den Schwerpunkt des Modells zu legen, der Pumpe sei Dank sind lange Schläuche zulässig! So entsteht keine Schwerpunktveränderung zwischen dem vollen und dem leeren Tank.

1 Liter Treibstoff wiegt immerhin etwa 800 Gramm. Es gibt eine gute Regel, die bei Methanolmotoren extrem wichtig ist und die man ruhig auch bei einem Benzinmotor berücksichtigen sollte: Die Tankmitte sollte in Höhe des Vergasers liegen.

Um Schaumbildung durch Vibration so weit als möglich zu vermeiden, lege ich in meinen Modellen die Tanks – auch die für das Smokeöl – in eine Wanne aus Schaumgummi. Das Material der Isomatten der Camper ist etwa 10 bis 12 mm dick. Daraus schneide ich mir die passenden Polsterstücke. Wer keine Isomatte zerschneiden möchte, kann sich aber auch mithilfe seiner Bandsäge die passenden Schaumstoffteile aus dickerem Material sägen. Keine Angst, es geht wirklich ganz prima und sieht viel besser aus, als mit dem Messer gesäbelt.

Wie das Bild 189 zeigt, ist beim Fliegen der Füllanschluss verschlossen. Man kann ihn einfach aus einem Tanknippel machen, der mittels Plastik Käppchen verschlossen wird oder man nimmt einen der toll aussehenden käuflichen speziellen Einfüllstutzen.

Abb. 188

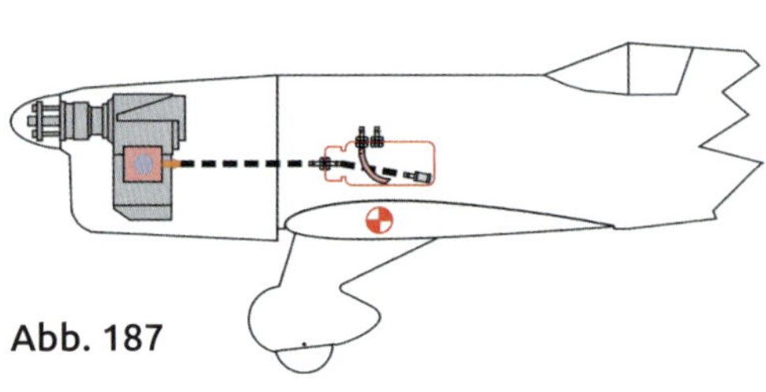
Abb. 187

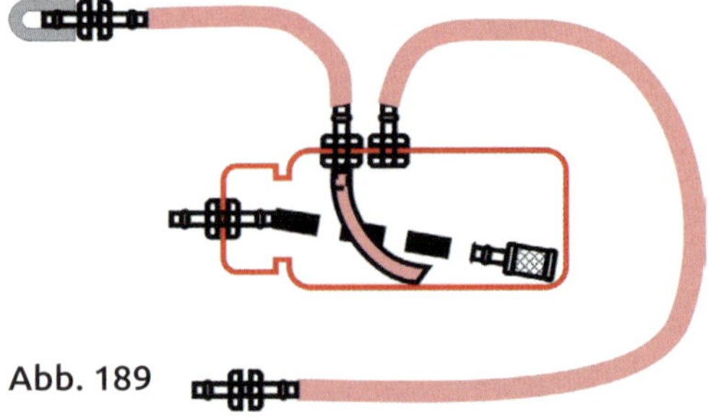
Abb. 189

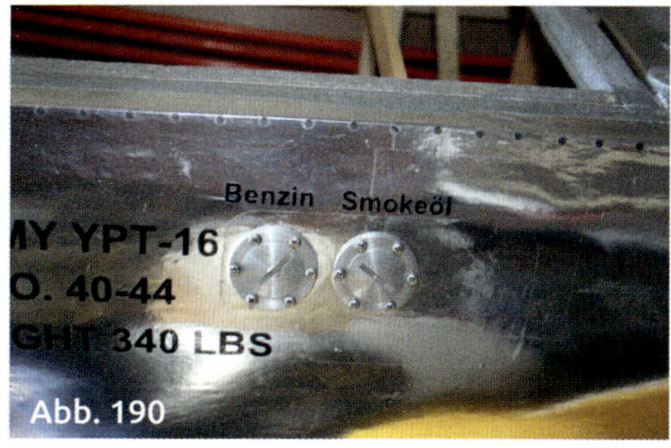

Abb. 190

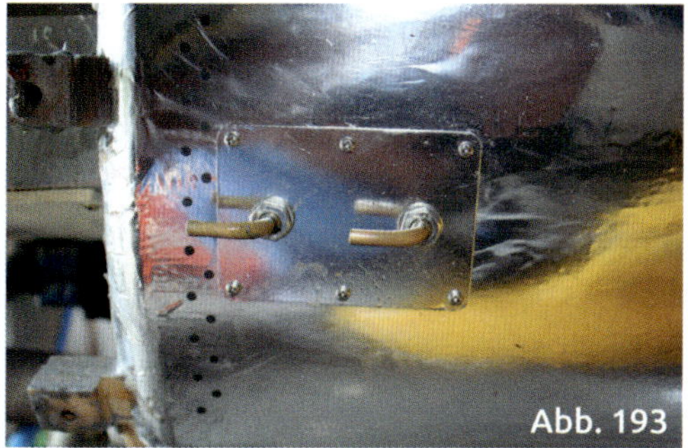
Abb. 193

iRC Elektronik hat z.B. ein Betankungsventil, das beim Hereindrücken eines Kunststoffröhrchens automatisch den Weg in den Tank öffnet.

Bei meinen eigenen Modellen verwende ich ein ganz hervorragendes automatisches Ventil, das ich mir aus einer gefrästen GFK-Scheibe und einem eingeklebten 4-mm-Festo-Rückschlagventil gemacht habe. Das ist immer perfekt dicht und hält schon seit Jahren. Das gibt es aber übrigens bei der Fa. Richter auch fertig zu kaufen.

Der zweite Anschluss, der Entlüftungsanschluss wird nach unten, tiefer als die Tankposition geführt und sollte in einem Nippel oder Rohrstück enden, das in Flugrichtung zeigt. Wenn man diesen Anschluss nicht wie im Foto 193 gezeigt abwinkelt, wird erleben, dass die daran vorbeisausende Luft den Tank allmählich leer saugt und nur das Modell einölt.

Diese Anordnung hat ihre Vorteile. Der Einfüllstutzen ist im Flug sicher dicht, es saut kein Spritnebel über den Rumpf und beim Tanken kann man am Überlauf mittels Schlauch den Überschuss an Treibstoff in die Tankstation zurückleiten. Das schützt die Umwelt und den persönlichen Geldbeutel.

Bei größeren Modellen sollten die Schläuche nicht frei im Rumpf schwingen können. Der Baumarkt liefert für wenig Geld passende Kunststoff-Leerrohre aus der Elektroabteilung, in denen die Spritschläuche gut aufgehoben sind.

Als Spritschlauch darf man auf keinen Fall einen Silikonschlauch wie bei den Methanolern nehmen. Dieses Material löst sich in kürzester Zeit im Benzin auf. Bei Benzin und auch bei den üblichen Smoker-Ölen geht nur der schwarze Perbunanschlauch oder der

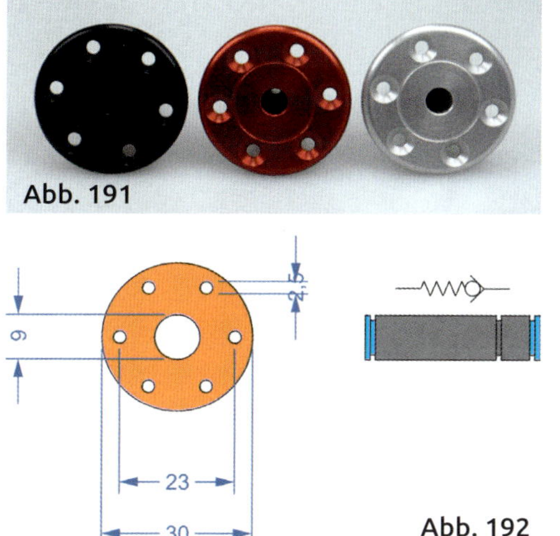

Abb. 191

Abb. 192

Abb. 194

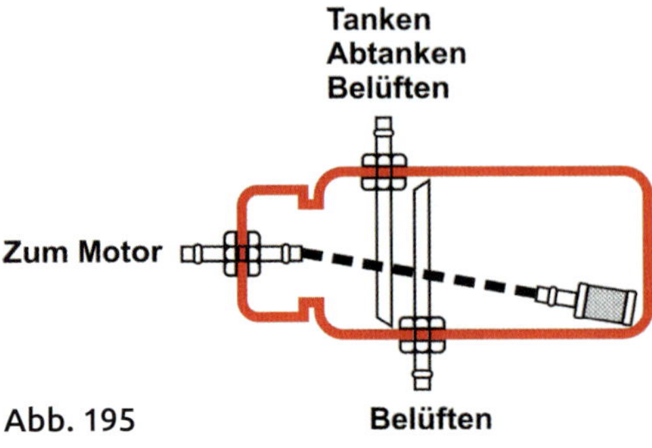

Abb. 195

sogenannte Tygonschlauch. Ich habe keine Ahnung, was das technisch für ein Material ist, es ist nur heftig teuer. 5,- € je Meter sind keine Seltenheit. Ich nehme stattdessen von Sunshine Modellbau einen klaren, weißen Schlauch, der je Meter gerade mal 1,90 € kostet und in meinen Modellen seit Jahren noch nie hart geworden ist. Der Schlauchdurchmesser beträgt 2,8×6,0 mm und hat selbst bei meinen größten Motoren immer ausgereicht.

Manchmal kann es vorkommen, dass der normalerweise so zuverlässige Benziner bei einem längeren Rückenflug abmagert. Das ist ein deutliches Zeichen dafür, dass die Pumpleistung des Vergasers aus irgendeinem Grund nicht optimal ist. Das trifft übrigens auf alle 4-Takter zu, deren Membranpumpe im Vergaser nur über die superkleinen Druckschwankungen im Ansaugtrakt angetrieben wird. Wenn der Motor sonst aber verlässlich läuft, kann man das Problem eventuell mit einer anderen Tankkonfiguration beheben.

Bei dem zuerst beschriebenen Tankaufbau muss im Rückenflug der Motor durch den Sprit im Tank Luft nachsaugen. Das geht etwas schwerer als in Normalfluglage. Beim Tankaufbau in der neuen Skizze 195 ist die nötige Saugleistung in beiden Fluglagen identisch. Allerdings muss man an seinem Modell jetzt zwei Überlauf- oder Belüftungsnippel einbauen, einen unten am Modell, einen zweiten oben. Der Obere ist meist nicht so schön zu platzieren.

Pumpen oder nicht pumpen?

Im Kapitel über den Vergaser war die in diesen Vergasern integrierte Membranpumpe ein wichtiges Thema. Wie ich da schon erwähnt habe, ist bei den 2-Taktmotoren diese Pumpe eine absolut sichere Methode der Spritversorgung. Beim 4-Takter allerdings fehlt ja bekanntlich der starke Druckimpuls aus dem Motorgehäuse und steht als Antriebsimpuls für eine Membranpumpe nicht zur Verfügung.

Die meisten Motorenhersteller zapfen den Druckimpuls im Saugrohr zwischen Vergaser und Einlassventil ab. Das Druckniveau dieses Impulses ist sehr gering. Manchmal reicht er nicht aus, dem 4-Takter in jeder Flugsituation die nötige Spritmenge zu liefern. Dann geht der Motor aus oder hat zumindest Aussetzer. Hier kann eine elektrische Benzinpumpe wieder für Sicherheit sorgen.

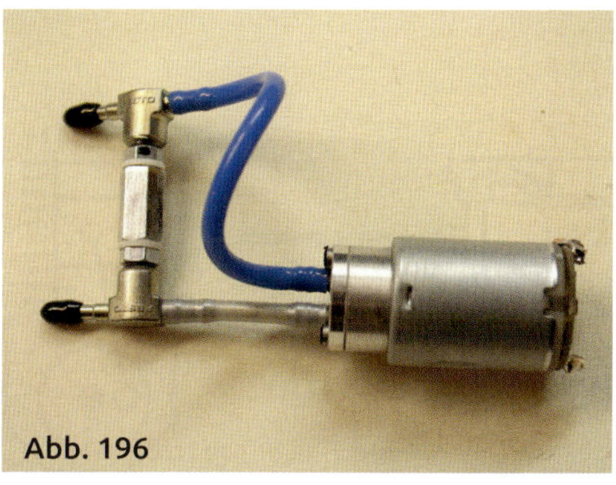

Abb. 196

Bernd Albinger mit seiner Firma APS-Pump Systems hat so eine modellgerechte Pumpe entwickelt und vertreibt sie in verschiedenen Versionen u.a. auch über den Shop von iRC Elektronik.

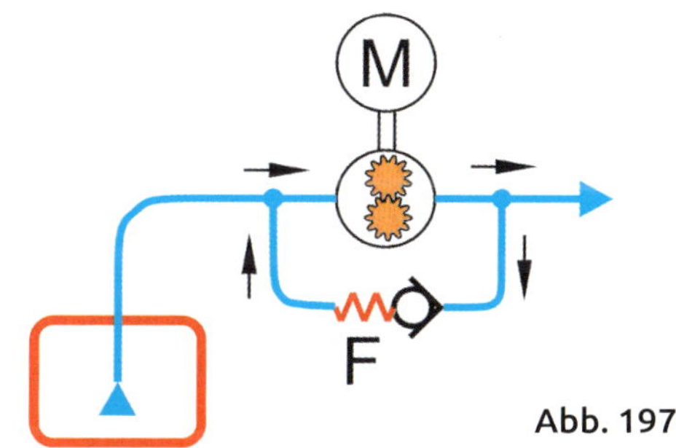

Abb. 197

Abb. 198

Abb. 199

Als vor ein paar Jahren bei mir der Umbau eines Honda 4-Takters zum Flugmotor anstand, war natürlich die Pumpenfrage sofort akut. Also kam eine Albinger-Pumpe zum Einsatz.

Es handelt sich um eine kleine Zahnradpumpe, wie sie als Kerosinpumpe bei den Jet-Kollegen oder als Smokepumpe auch verwendet wird. Das Funktionsprinzip ist genial einfach.

Die Zahnradpumpe ist so ausgelegt, dass die Fördermenge den Bedarf des Motors deutlich übersteigt. Die Benzinmenge, die nicht vom Vergaser abgenommen wird, lässt den Druck in der Benzinleitung steigen. Dadurch öffnet ein federbelastetes Rückschlagventil, das nun das zu viel geförderte Volumen aus der Druckleitung zurück zum Tank bzw. zum Saugrohr der Pumpe leitet.

Bei meinem Honda-Umbau (Abb. 198) seinerzeit habe ich die Pumpeneinheit mit einer kleinen GFK Platte direkt an den Motor geschraubt. Das geht natürlich auch anders. iRC Elektronik z.B. liefert Klammern, mit denen man die Pumpe an beliebiger Stelle im Modell festmachen kann. Die Pumpenleitung wird direkt mit dem Tanknippel des Vergasers verbunden. Dadurch ändert sich am Vergaser gar nichts, alle Funktionen bleiben wie gewohnt.

Bei meinen Honda-„Spielereien“ habe ich die Federkraft des Rückschlagventils variiert. Geliefert wurde die Spritpumpe mit einem Öffnungsdruck des Ventils von 0,5 bar. Mein Honda lief in allen Fluglagen mit 0,13 bar immer noch völlig störungsfrei.

Die heutige, letzte Version der Pumpe im Lieferprogramm von iRC hat ein integriertes Entlüftungsventil und erleichtert so die Inbetriebnahme, indem sich das System selbst entlüftet. iRC liefert ausschließlich die Pumpe „PowerFuel RX“ mit elektronischen Ein/Ausschalter (über Fernsteuerung). Neben dem bloßen Ein/Ausschalten kann man die

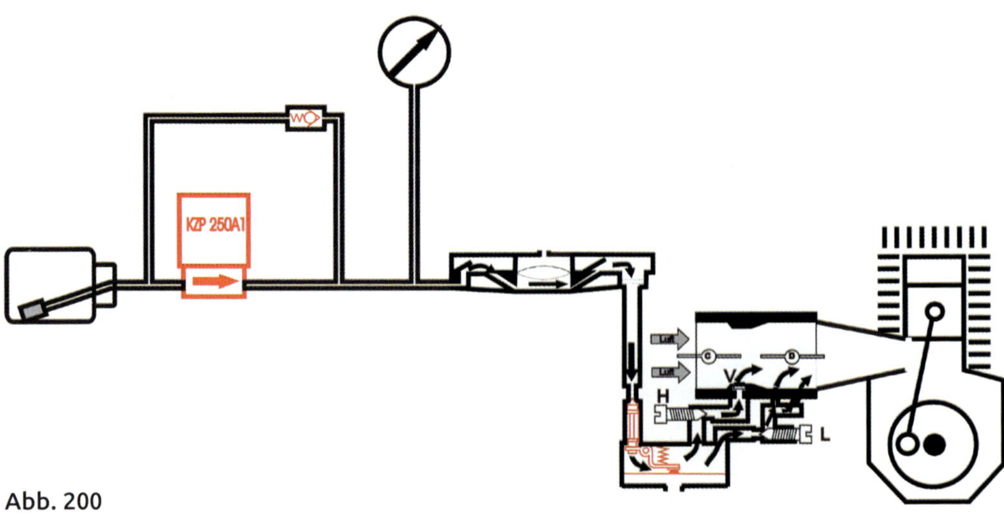

Abb. 200

Abb. 201

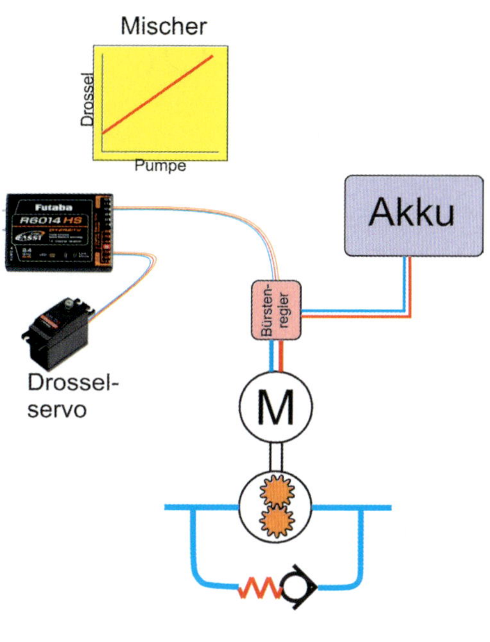

Abb. 202

Pumpe auch mit reduzierter Leistung laufen lassen, was bei fast allen Motoren ausreicht. Vorteil ist geringerer Stromverbrauch und längere Lebensdauer der Pumpe.

Die Standardpumpe, so wie ich sie benutzt habe, wird direkt von APS geliefert. Elektrisch habe ich sie parallel mit der elektronischen Zündung eingeschaltet. Heute würde ich es etwas eleganter machen und die Pumpe über einen kleinen Bürstenregler ansteuern. Wenn man per Mischer diesen Regler parallel zur Drossel laufen lässt, würde die geförderte Spritmenge immer automatisch an den Verbrauch anpassbar sein. Das richtige Volumen wäre dann über den Mischer sauber einstellbar.

Bei einem Motor mit elektronischer Zündung, der schon einen Akku benötigt, könnte man die Pumpe auch aus diesem Akku versorgen.

Sprit und Öl

Die meisten Diskussionen mit den unterschiedlichsten Meinungen findet man sicherlich bei den Themen Sprit, Öl und Mischungsverhältnis.

Wenn Kolben und Zylinderkopf so aussehen, wie auf den beiden Fotos 203 und 204, hat man ganz bestimmt den falschen Weg eingeschlagen.

Abb. 203

Abb. 204

Wenn es so aussieht, wie auf den Kolben des DLE-Boxers in den beiden Fotos 205 und 206, dann war wohl alles in Ordnung.

Ich möchte hier auch nicht alle unterschiedlichen Meinungen wiedergeben, die in meiner FMT-Kolumne über ein ganzes Jahr zu berichten waren. Meine 2-Takt-Motoren laufen alle mit einem Benzin/Öl Gemisch im Verhältnis 1:30. Als Öl verwende ich MOTUL 800 Offroad mit einem Zusatz des Liqui Moly Einspritzdüsenreinigers Nr. 5110, 20 cm² auf fünf Liter Sprit.Ich verwende ganz bewusst kein magereres Gemisch als 1:30, um etwas mehr Reserve zu haben, wenn es mal thermisch eng werden sollte. Damit bin ich bisher ohne jemals(!) ein Schmierproblem gehabt zu haben, auch im heißesten Sommer gut geflogen.

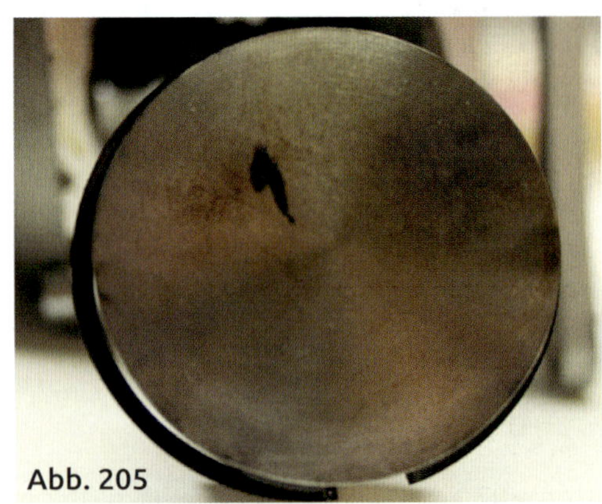
Abb. 205

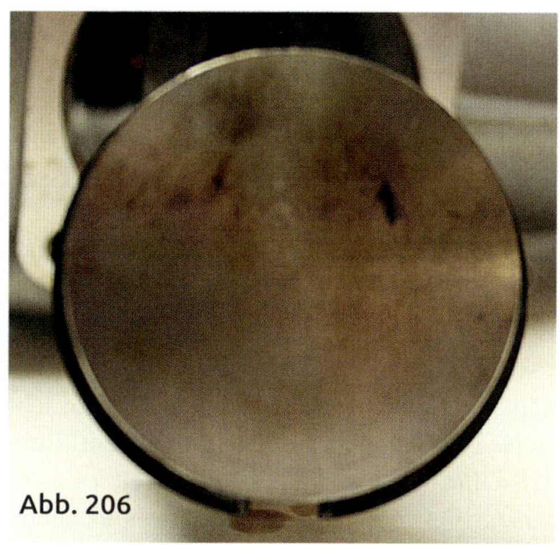

Abb. 206

Ich habe zur Verdeutlichung die Mischungsverhältnisse 1:30 und 1:50 in der Abbildung 209 grafisch dargestellt. Der kleine rote Fleck soll die Ölmenge zeigen, der rosa Anteil der Skizze ist die Benzinmenge. Man muss sich wirklich einmal vor Augen halten, wie wenig Öl in unserem Gemisch ist. Da sollte man seinem treuen Benziner ruhig die paar Tropfen mehr gönnen. Leistungsmäßig habe ich nie einen Unterschied gesehen oder gar messen können.

Beim 4-Takter, der konstruktionsbedingt im Motorgehäuse ständig etwas Öl „hortet“, kann 1:30 allerdings zu viel Öl sein und zu einer Verschlammung führen.

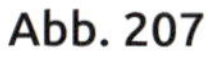

Abb. 207

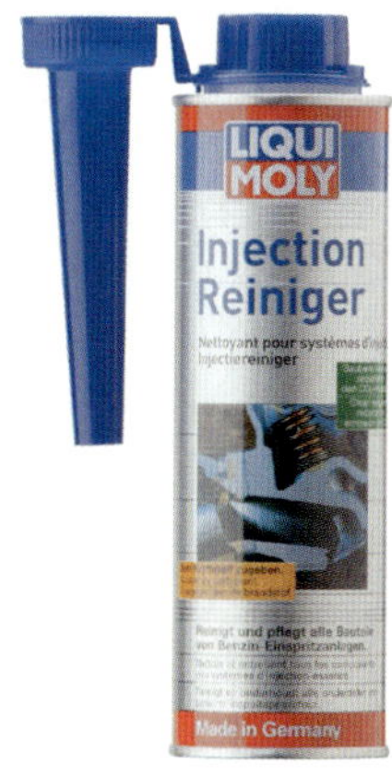

Abb. 208

Abb. 209

Ganz anders sieht das aber bei den 4-Taktern aus, die am Pleuel Gleitlager haben. Da MUSS das Gemisch zumindest so viel Öl haben, wie der Hersteller angibt, eher sogar etwas mehr. Sonst wird sehr schnell und ganz plötzlich ein Pleuellager überlastet und es gibt einen kapitalen Motorschaden.

Wenn z.B. beim Gaui 50 1.20 gefordert wird, würde ich immer 1:18 fliegen. Ähnlich ist das bei den Saito 4-Taktern zu sehen.

Ein Vorteil eines Benziners ist u.a. ja, dass man an jeder Tankstelle den Sprit dafür kaufen kann. Diese Aussage stimmt leider nur zum Teil. Von der Oktanzahl her können wir tatsächlich die billigste Variante des Tankstellenbenzins verwenden. Leider ist da aber heutzutage ein 10%tiger Alkoholanteil beigemischt. Das Ergebnis ist im Foto 210 deutlich zu sehen. Die Regel-Membran, die noch am Vergaser sitzt, hat heftige Dellen bekommen. Der Vergleich zu der neuen, die davor liegt ist offensichtlich. Grund für

Abb. 210

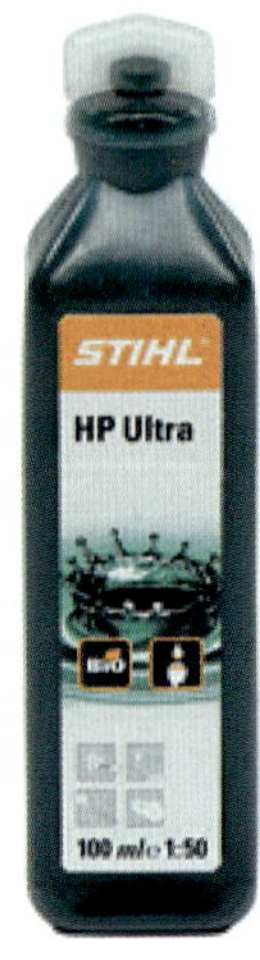

Abb. 211

Abb. 212

die Dellen ist der Alkoholanteil im Benzin. Mit so einer runzligen Membran klappt die Reglung des Vergasers nicht mehr perfekt. Außerdem löst Äthanol die Zinkbestandteile aus Messing und Leichtmetallgussteilen und kann Verbindungen eingehen, die nicht mehr löslich sind und Düsenbohrungen im Vergaser und Schmierbohrungen im Motor zu setzten. Es gibt wie immer mehrere Lösungen für dieses Problem.

Man könnte zumindest ein paar Membranen als Vorrat lagern und prophylaktisch jährlich einem Membranwechsel vornehmen und dabei den Vergaser gründlich reinigen. Oder man geht den Weg, den ich seit Längerem nehme. Man stellt auf Aral Ultimate 102 Sprit um. Meiner Information nach ist Aral Ultimate 102 der einzige Tankstellen Sprit ohne jeden Alkoholanteil.

FMT-Autorenkollege Dieter Werz geht einen anderen Weg und tankt nur das alkoholfreie Aspen-Benzin. Das gibt es zwar nicht an jeder Tankstelle, aber da wo Stihlsägen verkauft werden. Er hat außerdem sehr gute Erfahrungen gemacht mit dem Stihl HP-Ultra-Öl. Das hat sich aus vielen Leserzuschriften bestätigt. Damit wären es schon zwei aus praktischem Gebrauch empfehlenswerte Ölsorten.

Es kommt noch eine dritte Ölsorte infrage, mit der gerade ein Langzeitversuch positiv abgeschlossen wurde. Es handelt sich um das Addinol Rennöl Pole Position High Speed 2 T. Beachten sollte man nur, dass Pole Position High Speed 2 T per Hand gut eingemischt werden sollte, da es keine Vormischkomponente beinhaltet. Eins muss uns aber ganz klar sein, egal was für ein Öl man verwendet, ein namenloses Billigzeug aus dem Baumarkt hat in unseren Motoren absolut nichts zu suchen!

Fehlersuche

Das Schöne an unseren Benzinern ist, dass sie ganz selbstverständlich ihre Arbeit tun, ohne dass man aus irgendeinem Grund an irgendeiner Schraube drehen muss. Und das auf Dauer! So selbstverständlich, wie wir es ja auch von unseren Autos erwarten.

Ganz klar sind ein paar Sachen zu überprüfen und zu warten. Wir haben dafür zu sorgen, dass dem Vergaser nur sauberer Sprit angeboten wird, dass der Zündakku geladen ist(!), dass die Propellerschrauben auch wirklich fest sitzen und dass auch die Kerze einigermaßen sauber ist.

Wenn dann doch einmal der brave Benziner nicht so recht will, liegt immer ein außergewöhnlicher Grund vor. Deshalb ist es totaler Unsinn, in so einem Fall wild an den Vergasernadeln rumzudrehen. Die haben bisher gut funktioniert, warum sollte das jetzt anders sein?

Ich gehe mal davon aus, dass die Ursache für das akute Problem kein kapitaler, mechanischer Fehler ist und niemand den Zündzeitpunkt verstellt hat, sondern irgendetwas im Bereich Benzinversorgung oder Zündung passiert ist.

Um herauszubekommen, ob es die Zündung oder die Spritversorgung ist, gibt es einen einfachen Versuch. Kerze herausdrehen, den Motor mehrfach schnell durchdrehen, damit eventueller Sprit verfliegt.

Sieht die Kerze auch nur annähernd so aus, wie auf dem Foto 214, ist der Fehler schon gefunden. So etwas gehört ins Muse-

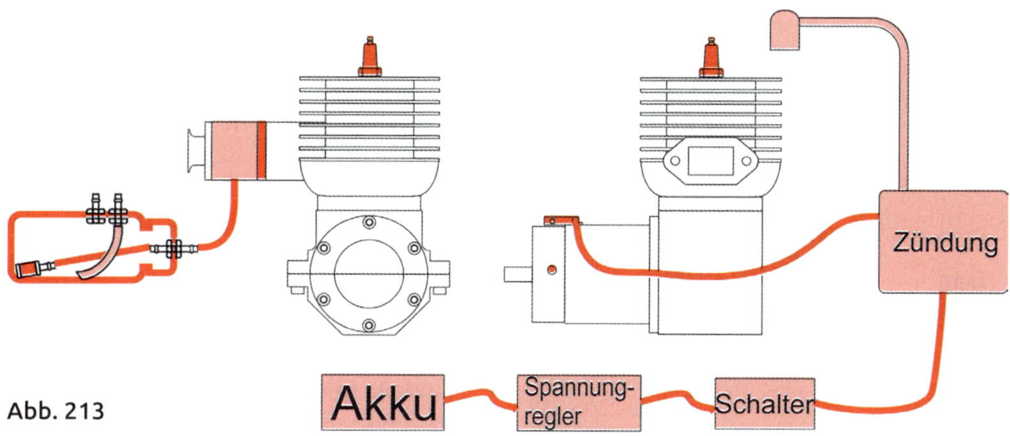

Abb. 213

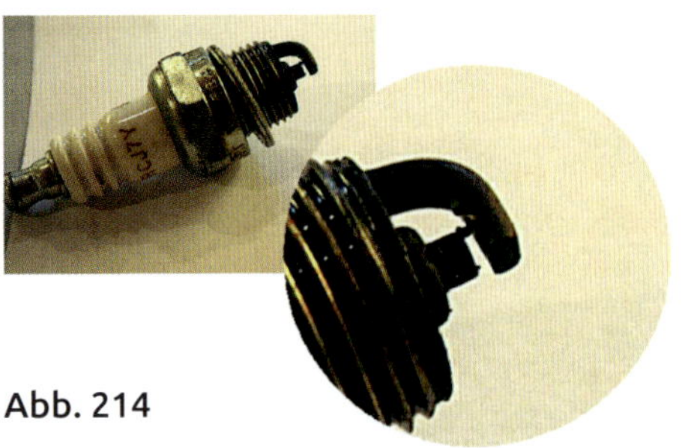

Abb. 214

um und eine neue Kerze sollte dem Motor spendiert werde. Wenn die Kerze nicht so aussieht, sondern hellbraun und trocken ist, müssen wir wahrscheinlich den Fehler im Bereich Vergaser und Tank suchen. Um das abzuklären, wird eine kleine Menge Sprit ins Kerzenloch gespritzt und der Motor drei bis vier Mal kräftig durchgedreht. Jetzt die Kerze wieder reindrehen und den Stecker nicht vergessen. Mit erhöhtem Standgas und ohne Choke mit eingeschalteter Zündung den Motor kräftig anwerfen.

Wenn er jetzt kurz anspringt, sollte die Zündung ok sein. Wenn nicht, den Vorgang sicherheitshalber wiederholen. Wenn es dann auch nicht klappt, stimmt etwas im Zündbereich nicht. Oft ist es die Kerze, auch wenn sie äußerlich gut aussieht. Eine neue Kerze kostet nicht die Welt. Der Elektrodenabstand sollte 0,5 mm betragen, mehr ist für unsere Modellflugzündungen nicht gut.

Man sollte eine Zündung nie ohne eine Kerze betrieben, da dann keine eindeutigen Stromwege mehr vorliegen und der Funke möglicherweise irgendwo anders überschlägt und vielleicht das Zündkabel ruiniert.

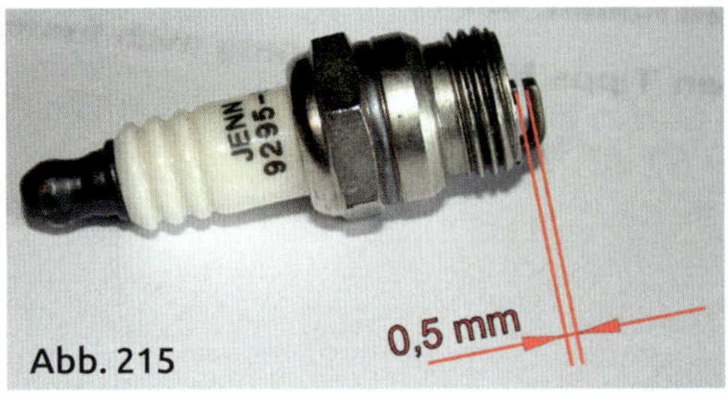

Abb. 215

Meist wird eine Zündung dadurch getestet, dass man die Kerze extern in den Stecker drückt und beobachtet, ob ein Funke springt. Wenn kein Funke springt, kostet es Geld. Leider ist dieser Test nicht voll aussagekräftig, da unter der Wirkung des Kompressionsdruckes die Sache ganz anders aussieht.

Es ist leider so, dass die Magnete, über die die Zündungssensoren geschaltet werden, über 80 Grad Temperatur einen wesentlichen Teil ihrer Magnetkraft bleibend verlieren. Um das zu testen, nehme ich einen kleinen externen Magneten und versuche damit über den abgeschraubten Sensor einen Funken zu produzieren. Man muss schon mal die Polung des Magneten umdrehen, also den Magneten drehen, da verschiedene Zündungen nur auf eine Polrichtung reagieren, siehe Kapitel Zündungen. Wenn die Zündung mit dem externen Versuchsmagneten jetzt gut reagiert, muss man einen neuen Magneten einbauen. Ich habe das in meiner Praxis schon ein paar Mal erlebt. Motoren, die unter einer Haube sitzen und denen man auch noch nur ein mageres Ölgemisch zumutet (1:50) werden nach dem Abstellen vorne im Lagerbereich ganz schön heiß!

Ich habe mich vor vielen Jahren auf ein Gemisch von 1:30 eingestellt und kenne seitdem keine thermischen Probleme mehr. Da wirkt natürlich auch die Ölsorte positiv mit. Ich nehme ausschließlich Motul 800 Offroad, ein Ester-Öl, das für den thermisch brutalen Einsatz bei Motocross-Motoren ausgelegt ist. Dazu aber mehr im Kapitel „Sprit und Öl".

Zur Zündung gehören auch ein Akku und ein Schalter zum Einschalten. Das kann ein mechanischer Schalter sein oder auch ein elektronischer, vielleicht sogar per Fernsteuerung schaltbar. Um diesen Bereich abzuklären, nehme ich einen anderen Akku – natürlich frisch geladen (!) – und stecke diesen direkt an die Zündung, also nicht über die Schalterei. Mit diesem Versuch hat man gleichzeitig sowohl den Zündakku als auch den Schalter getestet.

An den Zündakku denkt man bei der Fehlersuche meist zuletzt, obwohl er leider hin und wieder auch zu einer Problemquelle werden kann. Unsere elektronischen Zündungen verbrauchen glücklicherweise recht wenig Strom, aber es wird bei jedem Zündvorgang kurzzeitig eine höhere Stromspitze abverlangt. Man nimmt bei einer 4,8-Volt-Zündung gerne vier NiMH-Zellen, die ja auch im vollgeladen Zustand bei diesen Zündungen erlaubt sind. Wenn im Laufe des Akkulebens allerdings eine Zelle einen deutlich gestiegenen Innenwiderstand aufgebaut hat, kann es sein, dass ganz kurzzeitig die Betriebsspannung nicht mehr erreicht wird. Also sollte man bei einer Fehlersuche immer einen alternativen Akku parat liegen haben. Wer eine solche Zündung hat, der ist gut beraten, einen 2-zelligen Lipo zu verwenden und einen Spannungsregler mit 5,5 Volt einzusetzen. Damit ist er vom Ladungszustand seines Akkus deutlich unabhängiger.

Bisher bin ich davon ausgegangen, dass der betreffende Motor eine elektronische Zündung hat. Wenn der Motor aber eine Magnetzündung hat, wie z.B. der ZG 38, gibt es keinen Akku oder Hallsensor.

In diesem Fall bleibt nur übrig, die Kerze zu prüfen und gegebenenfalls zu tauschen. Anders als bei den elektronischen Zündungen muss es diesmal aber eine entstörte Kerze sein, also eine mit einem „R" in der Typenbezeichnung. Wahrscheinlich hat der Motor mit der Magnetzündung auf der Propellerseite nur ein Kugellager. Wenn dieses Lager in die Jahre kommt, kann sich ein zu großes Radialspiel einstellen und eventuell dazu führen, dass das Magnetrad an den Blechen der Zündeinheit schrammt. Dann muss natürlich dringend das Kugellager getauscht werden.

Abb. 216

Wie wird so eine Magnetzündung eingestellt? Als Beispiel nehme ich ein Bild vom ZG38 (Bild 216). Man löst die Schrauben, mit denen der Spulenkörper am Motor befestigt ist. Dann schiebt man eine Visitenkarte zwischen Spule und Schwungrad und drückt die Spule fest an. Wenn man den Magneten des Schwungrades unter die Spule gedreht hat, braucht man nicht anzudrücken, der Magnet erledigt diese Arbeit. In dieser Position wird die Spule wieder festgeschraubt – aber wirklich fest!

Das war es. Ich habe es bisher nur einmal erlebt, dass der Magnet im Schwungrad müde geworden war. Das merkt man aber sofort beim Spuleneinstellen. Der Magnet muss die lose Spule brutal anziehen, so ist es richtig!

Was bleibt übrig? Die meisten Magnetzünder haben den kleinen Gummikerzenstecker. Hier sollte man von Zeit zu Zeit man dran zupfen, um zu sehen, ob das Zündkabel noch wirklich fest im Stecker sitzt. Wenn nicht, kräftig reinschieben und draußen mit einem Tropfen Sekundenkleber gegen Rausrutschen sichern.

Problem: Bisher ist der Motor immer brav gelaufen und auch problemlos angesprungen. Es ist ein Motor mit Flatterventil. Auf einmal wird es sehr schwer, den Benziner überhaupt zum Laufen zu bringen.

Abb. 217

Zur Gemischsteuerung des Motors muss dieses Ventil in der Lage sein, den Innendruck des Motorgehäuses perfekt abzudichten. Das Funktionsprinzip ist einfach. Wenn der Kolben nach unten geht, baut sich im Motorgehäuse ein Druck auf. Durch diesen Druck schließen die Ventilmembranen. Wenn der Kolben die Überströmkanäle freigibt, strömt das komprimierte Frischgas in den Brennraum. Geht aber der Kolben hoch und erzeugt einen Unterdruck im Gehäuse, öffnen sich die Membranen und lassen das Gemisch aus dem Vergaser ins Gehäuse rein. Soweit das Prinzip. Leider gibt es speziell bei den Flatterventilen sehr oft Dichtprobleme. Bei leichten Dichtschwierigkeiten saugt der Motor bei geschlossener Chokeklappe nur schlecht den Treibstoff an. Daher die plötzlichen Startschwierigkeiten. Trotzdem wird so ein Motor gut laufen, wenn er erst einmal angesprungen ist. Wenn das Ventil nicht eindeutig schließt, ist ein neuer Membransatz fällig, wenn nicht sogar ein komplettes Ventil.

Problem: Der Motor läuft nur noch mit fast geschlossener Chokeklappe und saugt nur Benzin an, wenn der Vergaser zugehalten wird. Der Vergaser ist natürlich kontrolliert worden, ob Dreck das Sieb geschlossen hatte. Nichts gefunden!

Abb. 218

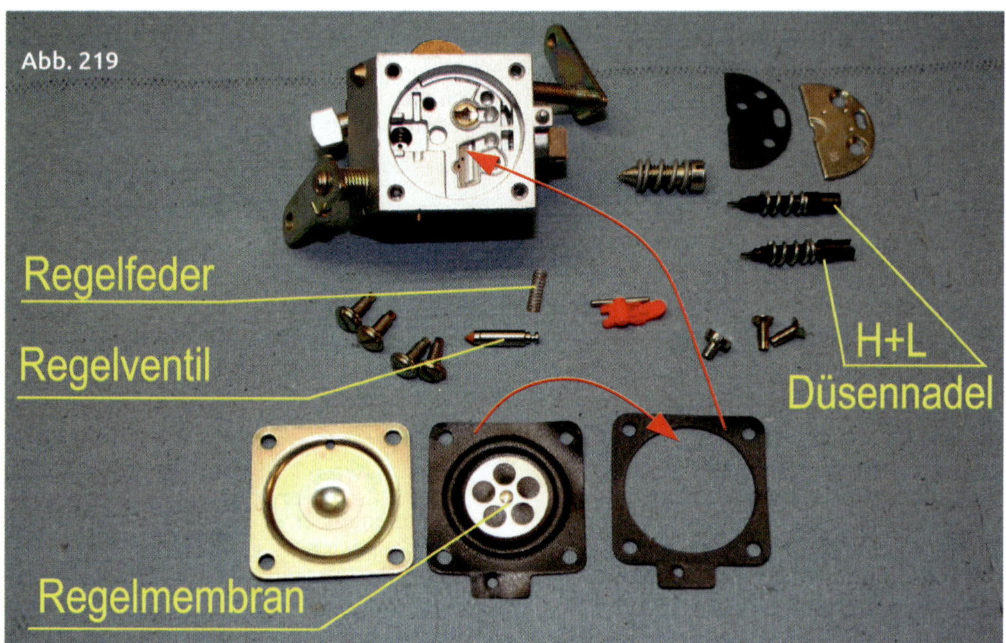

Das kann zwei Ursachen haben. Entweder liegt die Pumpenmembran falsch oder der Pumpenimpuls kommt nicht im Vergaser an.

Wir bauen den Vergaser auf der Pumpenseite auseinander (Abb. 218). Wenn die Membran nicht direkt auf dem Metall des Vergasers aufliegt, sondern eine Dichtung dazwischen liegt, kann die Pumpe nicht funktionieren. Beim Vergaser-Reinigen passiert es oft, dass die Reihenfolge übersehen wird.

Auf der anderen Vergaserseite (Abb. 219) ist das genau umgekehrt, da muss die Dichtung zuerst aufs Metall gelegt werden und danach erst die Regelmembran.

In den meisten Vergasern besteht der Betätigungshebel für das Regelventil aus Aluminium. Normalerweise kann daran eigentlich nichts passieren. Aber vielleicht haben wir doch versehentlich an diesem Hebelchen etwas verbogen. Hat man den Hebel zu weit nach außen gebogen, ertrinkt der Motor in Benzin, hat man den Hebel zu weit nach innen gedrückt, bekommt der Motor zu wenig Treibstoff.

Eine ganz gute Ausgangslage kann man finden, wenn man bei abgenommenem Blechdeckel, inklusive der Dichtung und der Membran, ein Lineal quer über das Vergasergehäuse legt. Wenn in dieser Lage der waagerechte Schenkel des Hebels das Lineal berührt, ist man auf der sicheren Seite. Der Motor sollte zumindest wieder laufen.

Bei einer Reihe von Motoren wird der Druckimpuls aus dem Motorgehäuse, der die Pumpe antreiben soll, direkt über eine Bohrung in den Vergaser geleitet. Dazwischen liegt eine Dichtung. Das Dichtungsmaterial besteht aus einem Gemisch von Fasern und einer Art Gummi. Unter dem Druck der Befestigungsschrauben und unter dem Einfluss

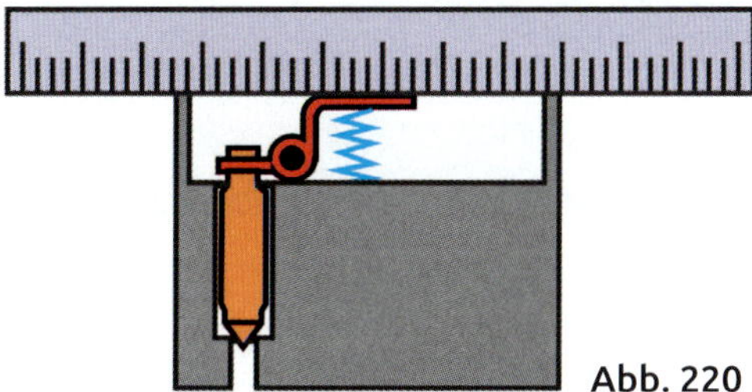
Abb. 220

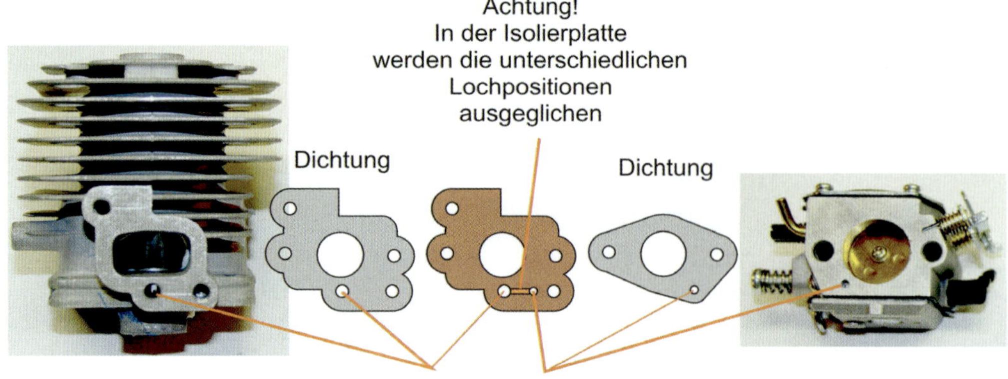

Abb. 221

der permanenten Benzin-„Berieselung“, wächst das Loch in der Dichtung, durch das der Pumpenimpuls hindurch muss, langsam zu. Irgendwann klappt die Pumpe dann nicht mehr so, wie sie sollte und der Motor bekommt keinen Sprit mehr. Also in so einem Fall entweder die Dichtung tauschen oder zumindest das Loch wieder aufweiten.

Allerdings kann jetzt bei der Remontage des Vergasers mir der gereinigten Dichtung wieder ein Irrtum passieren. Wenn z.B. die Dichtung so eingelegt wird, dass die Bohrung im Gehäuse oder im Vergaser verdeckt wird. Das passiert mir immer dann, wenn ich mich beim Montieren auch noch unterhalten möchte und dadurch abgelenkt bin.

Problem: Der Motor hat in der ganzen vergangenen Flugsaison klaglos gearbeitet, jetzt im neuen Jahr geht er unmotiviert nach ein paar Minuten aus.

Da ist die Kontrolle der Tankschläuche mit dem Filzpendel nötig. Das Foto 222 zeigt einen Extremfall. Der Pendelschlauch ist über Winter so hart geworden, dass er waagerecht im Tank „steht“. Dadurch wird der Tank nicht mehr leer gesaugt. Außerdem ist das Filzpendel verdächtig dunkel geworden von all dem Mikroschmutz im Benzin.

Das Foto 223 zeigt verschiedene Verschmutzungsgrade eines Filzes, rechts und Mitte sind ok, aber wenn es so wie links aussieht, hilft nur noch ein Austausch.

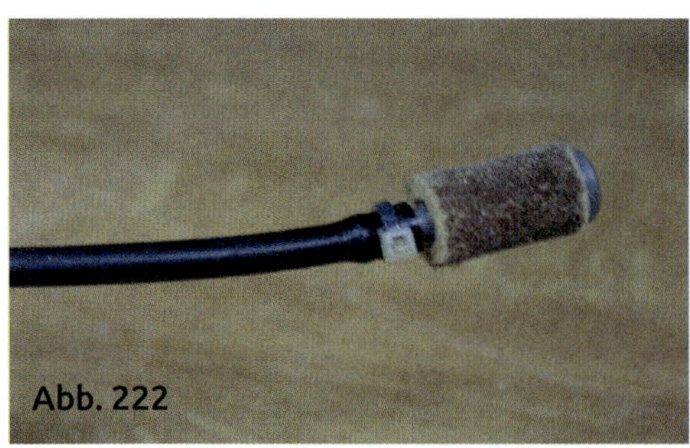
Abb. 222

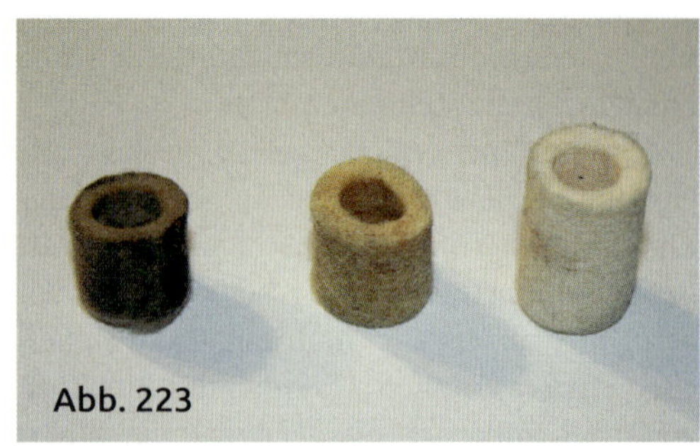
Abb. 223

Die Tankstelle

Zum Fliegen gehört natürlich auch eine Tankstation. Davon gibt es bestimmt so viele Varianten wie Modellbauer. Aus Blech, Holz oder aus Kunststoff, mit einer elektrischen Pumpe oder mit Handkurbel usw. Man kann natürlich eine fertige Station kaufen, wir bauen uns aber eine selbst. Und da ich besonders faul bin, soll es eine mit einer elektrischen Pumpe sein.

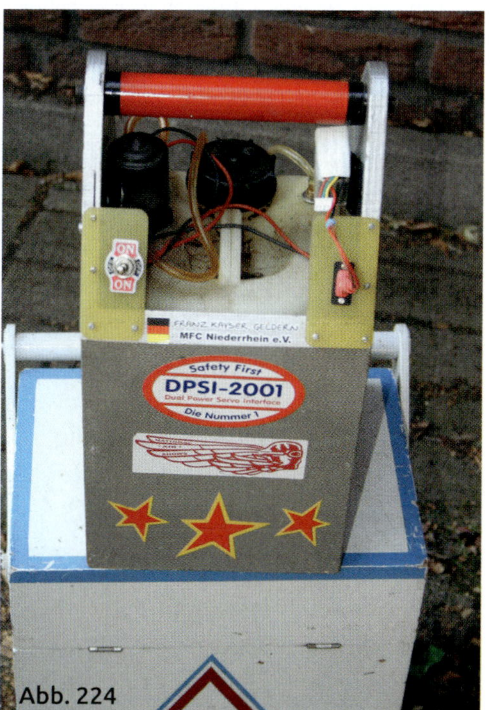

Abb. 224

Man sollte sich aber vorher klar werden, wie viel Sprit man mit zum Flugplatz nehmen möchte. Wer in seinem Modell einen Motor hat in der Klasse des ZG 38, kommt mit einer 2-3-Liter-Tankstelle locker ein ganzes Wochenende aus. Wer etwas „Dickeres" in seinem Modell hat, baut sich eine 5-Liter-Station.

Für meine größere Tankstation habe ich als Tankkanister einen leeren 5-Liter-Smokeölkanister von P&R Medien benutzt, es geht selbstverständlich mit jedem Kanister, der – auch mit der Dichtung in seinem Schraubverschluss – benzinfest ist. Die Tragekiste besteht aus 8-mm-Pappelsperrholz.

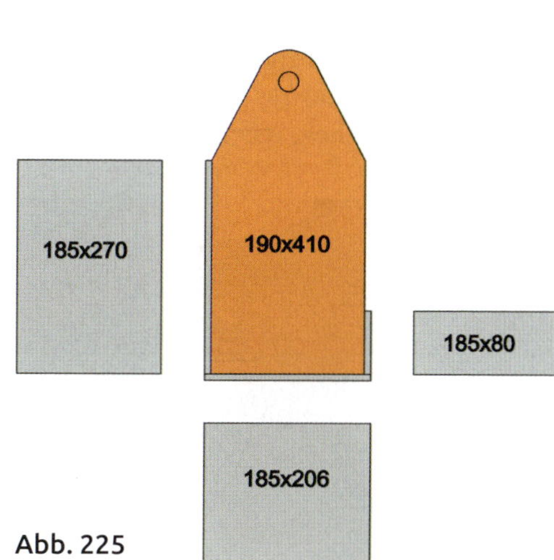

Abb. 225

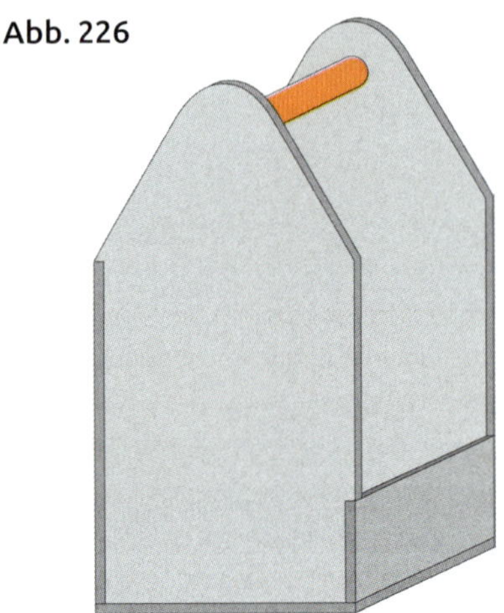
Abb. 226

Die Maße stehen in der Skizze 225. Man kann sich das Sperrholz im Baumarkt gleich auf Maß schneiden lassen. Den abgerundeten Bereich der Seitenplatte kann man leicht auf der Bandsäge herstellen. Für den eigentlichen Griff mussten 170 mm des Besenstiels im Hobbykeller dran glauben. Wer eine Fräse zur Verfügung hat, findet die Fräsdateien wie immer in der FMT-CAD-Bibliothek unter www.vth.de. Die fertige Kiste sollte mehrfach benzinfest lackiert werden, sonst lebt das gute Stück nicht lange. Der Besenstielgriff bekam einen Schrumpfschlauchüberzug und wurde mit zwei kräftigen Spaxschrauben an den Seitenteilen festgemacht. Man hat bestimmt so allerhand Werbeaufkleber der Modellindustrie herumliegen, jetzt wäre die Gelegenheit, die Tankstation damit

Abb. 227

Abb. 228

bunt zu gestalten. Als Benzinpumpe verwende ich eine Pumpe aus dem Simprop-Programm und bin bis jetzt zufrieden. Aber diese Pumpen – egal von welchem Hersteller – haben alle nicht das ewige Leben. Deshalb ist es gut, kein zu teueres Gerät dafür zu verwenden. Wichtig ist, als Pumpe eine Zahnradpumpe zu verwenden, da man mit der nicht nur tanken, sondern auch den Tank entleeren kann. Diese Graupner-Pumpe in Bild 228 funktioniert auch wunderbar.

Ein Umschalter mit drei Stellungen (EIN-AUS-EIN) sorgt für die drei Funktionen: Pumpe aus, Tanken und Absaugen. Dafür wird der Schalter gemäß Skizze 229 verdrahtet.

Der Umschalter sollte nicht nur den Pumpenstrom sicher schalten können, er sollte auch mechanisch dem Betrieb auf dem

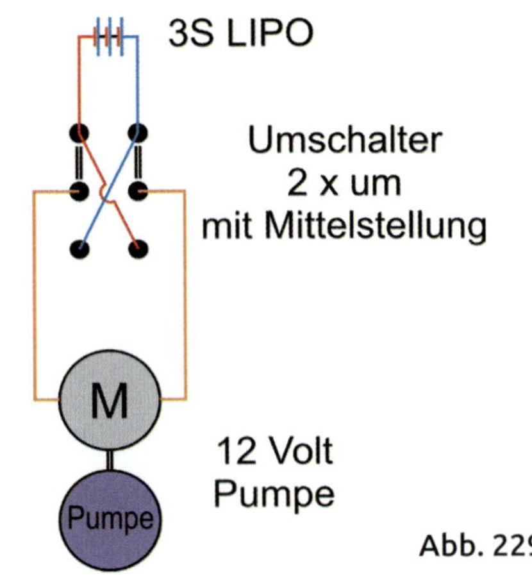

Abb. 229

Abb. 230

Modellflugplatz gewachsen sein. Ich habe gute Erfahrungen mit dem massiven und bezahlbaren Schalter in Bild 230 gemacht, der bei verschiedenen Elektronikversendern zu haben ist. Die 12-Volt-Pumpe bekommt ihre Energie aus einem 3-zelligen Lipo mit 1,5 Ah Kapazität. Das reicht für ein langes Flugwochenende immer aus. Der Akku ist nur mit einem Klettband befestigt, so kann ich ihn leicht abnehmen und extern laden.

Im Tankkanister ist natürlich unten an der Saugleitung ein Filzpendel, das hier schon für eine gute Vorfiltrierung sorgt. Der Ausgang der Pumpe mündet in einem längeren Schlauchstück, das bis zum Betankungsnippel am Modell reicht. Dafür gibt es z.B. bei Lindinger einen benzinfesten Spi-

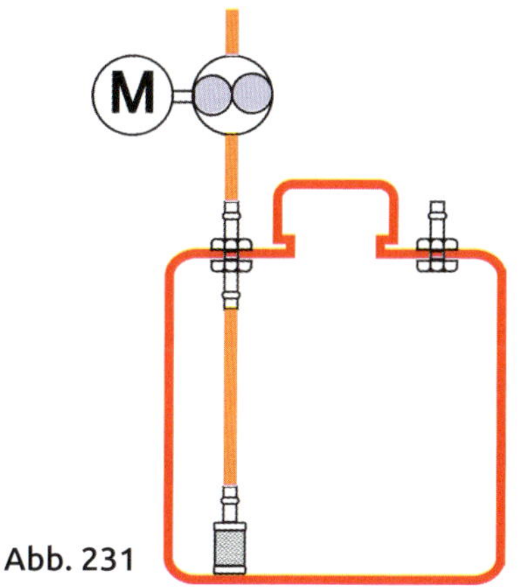

Abb. 231

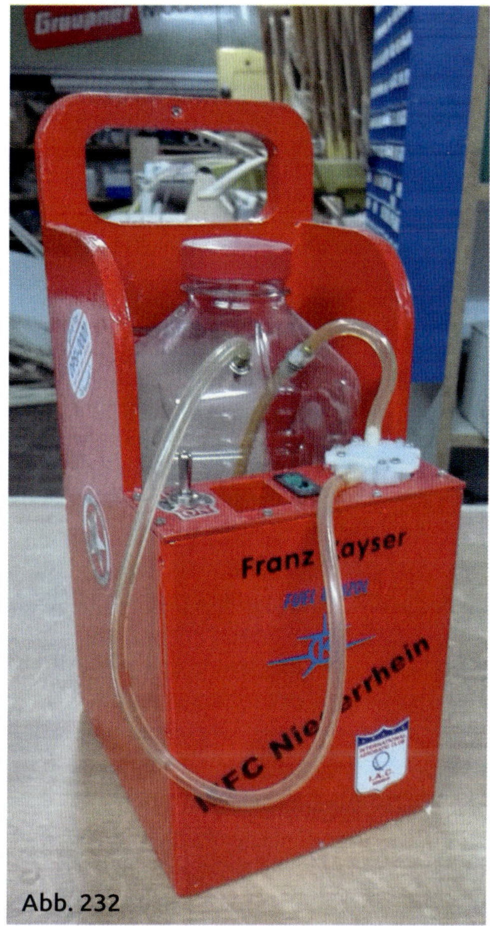

Abb. 232

ralschlauch, der das Ganze etwas handlicher gestalten hilft. Über ein zweites Schlauchstück, das am Entlüftungsnippel angeschlossen ist, führe ich den Treibstoffüberschuss, der beim Tanken aus dem Belüftungsnippel des Modells ausläuft, in die Tankstation zurück. Man sollte der Umwelt zuliebe und auch zum Vorteil des eigenen Geldbeutels überlaufendes Benzin nicht so einfach ins Gras laufen lassen.

Genauso eine Tankstation habe ich mir auch für das Smokeöl gebaut. Ich liebe kleine und leichte Einheiten. Da meine Serviceabteilung fürs Betanken meiner Modelle zuständig ist und diese Abteilung aus meiner lieben Gattin besteht, ist auch das Gewicht der Tankstation nicht unwichtig.

Leider kann man nicht alle Benziner mit der gleichen Spritmischung betreiben. Z.B. brauchen einige 4-Takter oder die kleinen Evolution 2-Takter einen deutlich höheren Ölanteil. Und da diese Motoren auch meist noch sehr sparsam sind, lohnt sich eine zusätzliche, aber kleinere Tankeinheit. Die Basis ist eine 2-Liter-Kunststoffflasche, in der einmal destilliertes Wasser war. Auch die Fräsdateien für die kleinere Tankstelle findet man in der FMT-CAD-Bibliothek.

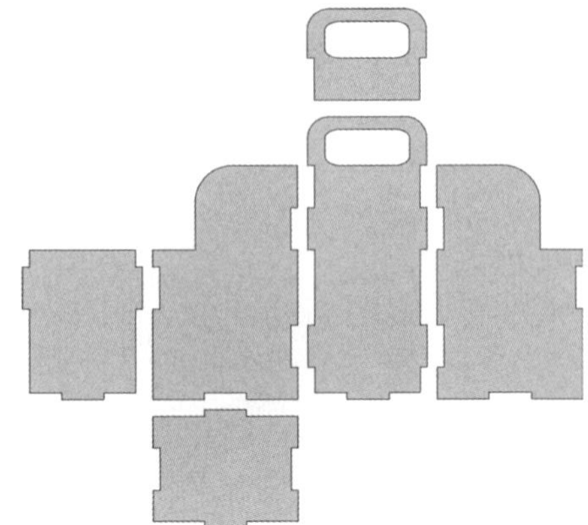

Abb. 233

Einbaulage

Wenn man sich klar macht, dass in einem Einzylindermotor und auch bei manchen Boxermotoren mehr harter Beat drin ist, als bei einem Rockkonzert, dann braucht man sich nicht zu wundern, wenn bei bestimmten Drehzahlen die Ruder am Modell ganz heftig klappern. Das trifft besonders bei den tollen Fertigmodellen zu, die komplett in Holz gebaut und superleicht als Fertigmodell verkauft werden. Und natürlich ist auch noch ein besonders potenter Motor eingebaut worden. Zum Verständnis der Zusammenhänge möchte ich ein Beispiel aus dem täglichen Leben heranziehen.

Da liegt ein Brett auf zwei Böcken und es wird versucht, einen Nagel darin rein zu hämmern. Das klappt aber nicht so recht, da beim Nageln das Brett heftig nach unten ausweicht und dabei ins Schwingen gerät. Das klappt aber sofort, wenn man einen zweiten Hammer unter das Brett hält. Schon sind das Ausweichen und die Schwingerei vorbei und der Nagel kann problemlos eingeschlagen werden. Wie kommt dieser positive Effekt mit dem zweiten Hammer zustande? Es geht nur darum, auf der Gegenseite eine möglichst große Masse zu haben, die sich beim Hämmern erst einmal gemütlich überlegt, ob sie den Hammerschlägen ausweichen soll oder nicht doch besser gegenhalten soll.

Von dem Beispiel zurück zu dem Motoreneinbau im Modell. Statt des Hammers haben wir es hier mit den harten Schwingungen des Kolbens und der Verbrennung zu tun. Wird der Motor mit dem Zylinder nach oben oder nach unten eingebaut, haben wir eine Situation wie beim Brett ohne den darunter gehaltenen Hammer. Da ist kaum Masse vorhanden, um gegen die Schwingungen dämpfend wirken zu können. Wird der Motor aber mit seitlich liegendem Zylinder eingebaut, dann wirkt die ganze Masse der Tragflügel

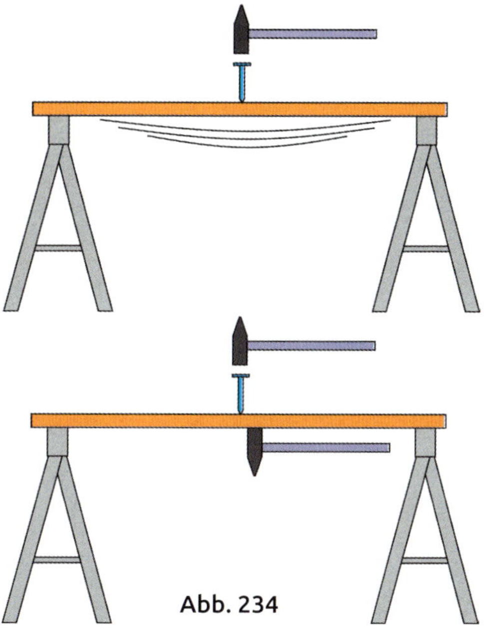

Abb. 234

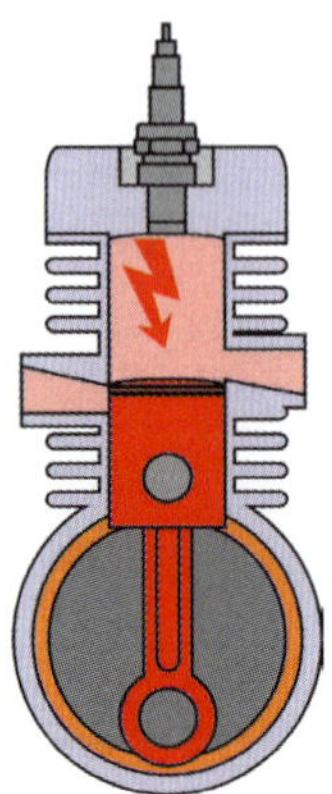

Abb. 235

wie der gegenhaltende Hammer. Wenn das Modell eine der großen, abnehmbaren Kabinenhauben hat, durch die man so wunderbar an alle Einbauten ran kommt, dann ist es besonders wichtig, einen innigen Kontakt zwischen der Haube und dem Rumpf herzustellen. Wenn der Kontakt schlecht ist, ist das durch ein heftiges Klappergeräusch hörbar. Das hört sich nicht nur mies an, es fehlt hier dann aber auch die Masse der Haube, um den Motorschwingungen gegenzuhalten. Hier hilft das Bekleben der Kabinenunterseite und der Trennstelle am Rumpf mit einer Schicht Samt-DC-Fix. Es wird auch oft versucht, den Motorschwingungen mittels weicher Gummiaufhängung entgegenzuarbeiten. Nur ist es aber leider so, dass so eine Gummidämpfung nur in einem schmalen Drehzahlbereich „abstimmbar“ ist. Es gibt immer einen Bereich, in dem die Schwingung sogar noch verstärkt wird.

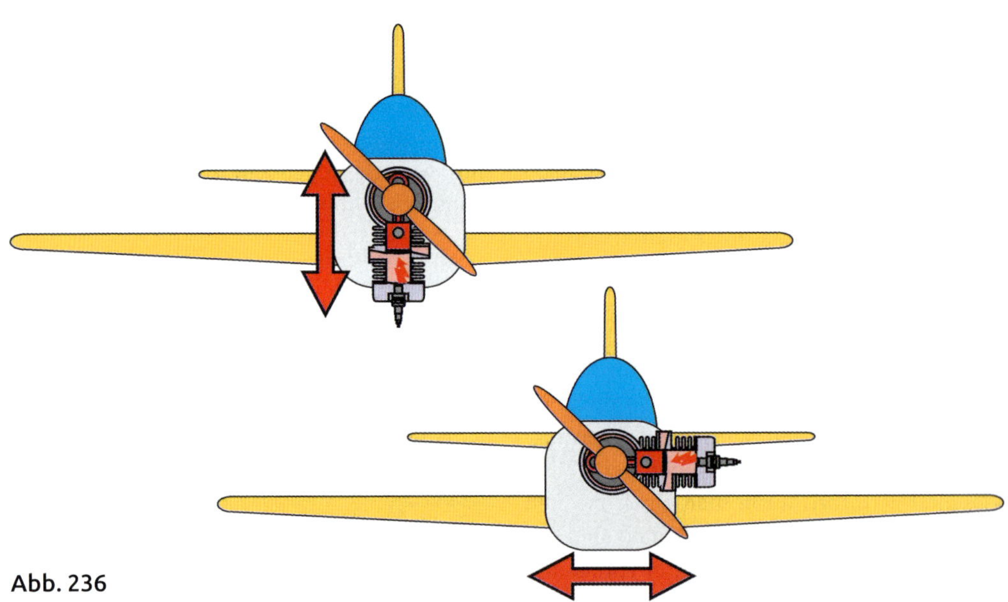

Abb. 236

Einfach dran geschraubt

Zum Einstieg in das Thema „Motoreinbau“, möchte ich mit einer kurzen Geschichte begonnen.

Ein guter Freund von mir, den ich aus guter Freundschaft bei dieser Geschichte anonym lassen möchte, baut schon seit Jahrzehnten seine Modelle von Grund auf. Er rief mich irgendwann an, um mir seine neuste Kreation, eine Arado AR79 vorzufliegen. Die Arado ist wegen der schlanken Motorhaube eigentlich prädestiniert für einen lang bauenden Reihenmotor. Mein Freund hatte aber einen kurzen Einzylinder mit 58 cm^3 Hubraum hängend eingebaut. Seine Motorhaube reicht fast bis an die Vorderkante der Kabine heran, wodurch sich ein gewaltiger Abstand zwischen Brandschott = Motorspant und dem Befestigungsflansch am Motor ergibt. Nachdem mein Freund seinen Einzylinder angeworfen hatte, war sofort ein besonders unruhiger Leerlauf zu sehen, verbunden mit einem sehr hart klingenden Motorgeräusch. Nach dem Kommentar – das macht nichts – startete die Arado dann auch und sah wirklich toll aus in der Luft. Bis das Motorgeräusch sich plötzlich deutlich unangenehm änderte und kurz darauf der Motor ausging. Das Ergebnis war eine Außenlandung und ein herausgebrochener Motor.

Was dann zu sehen war, war mehr als abenteuerlich. Der 58er-Einzylinder war mit den vier Alu-Stehbolzen, die zusammen mit

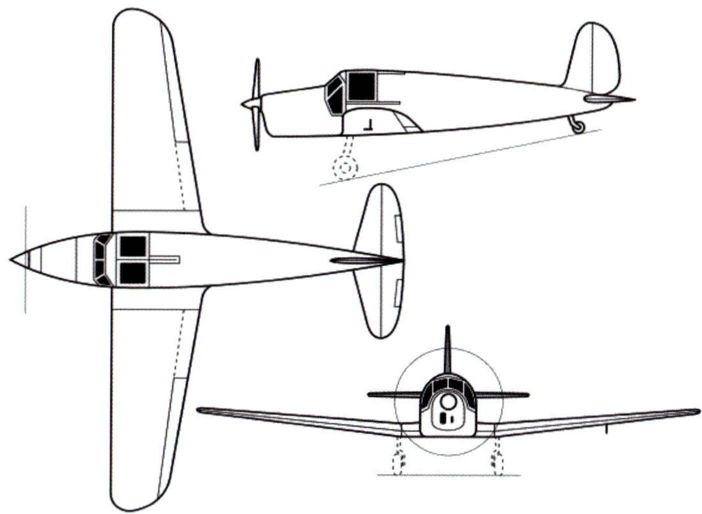

Abb. 237

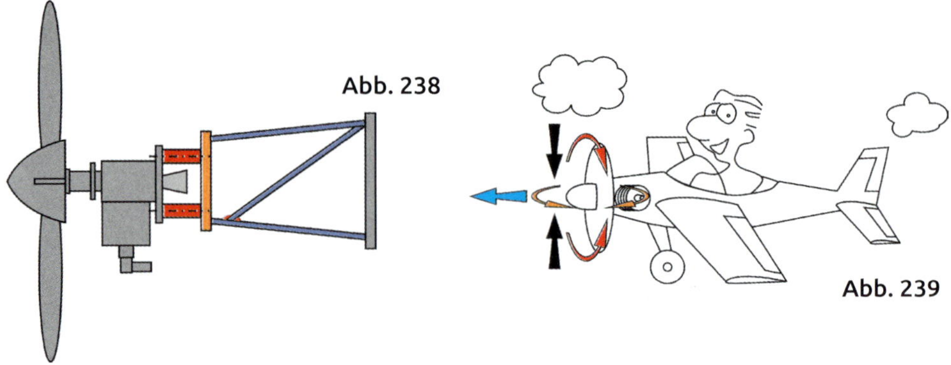

dem Motor geliefert wurden, auf eine frei schwebende 8-mm-Pappel(!)-Sperrholzplatte montiert. Die Pappelplatte wurden mit vier Stück M6-Gewindestangen frei im Raum gehalten. Die Gewindestangen waren mit einer angelöteten Diagonalstange verstrebt, in der Hoffnung, das Ganze damit stabil gemacht zu haben.

Die wenigen mir gebliebenen Haare standen mir zu Berge und ich habe auch nicht mit einem entsprechenden Kommentar gespart! Der Motor hat das viel zu weiche Pappelholz so komprimiert, dass sich die Befestigungsschrauben gelöst haben. Damit bekam der Motor genügend Bewegungsfreiraum, um sich über die Verbindungsstange zum Drosselservo selbst abzustellen. Soweit die kleine Geschichte.

Wenn wir uns einmal das folgende Bild mit 239 den auf den Motor bzw. Rumpf wirkenden Kräften ansehen, wird sofort klar, dass man seinen Motor so nicht aufhängen darf. Zuerst einmal gibt es nicht unerhebliche Zugkräfte (blauer Pfeil). So ein 58er wird je nach Propeller und Drehzahl zwischen 10 und 15 kg Standschub produzieren, entsprechend in etwa dem Gewicht von 1½ gefüllten Wassereimern.

Bei jeder Landung, besonders wenn sie nicht so ganz gelungen ist, versucht sich der Motor mit seinem eigenen Gewicht durch eine Nickbewegung vom Motorspant abzubrechen (schwarze Pfeile).

Richtig gefährlich wird es bei den roten Pfeilen. Anders als ein Elektromotor schwankt das Drehmoment beim Verbrenner – speziell beim Einzylinder – während einer Umdrehung ganz brutal. Wenn man sich vorstellt, mit einem langen Ringschlüssel mit aller Kraft, die man aufbringen kann, ca. 100 Mal in jeder Sekunde am Motorspant hin und her zu reißen, dann hat man ungefähr ein Bild davon, was so ein Verbrenner da vorne anstellt.

Und nicht zuletzt gibt es erhebliche Kreiselkräfte (orange Pfeile), die spätestens beim Kunstflug auch noch bösartig versuchen, den Motor loszubrechen. Ich selbst habe damit leider eigene Erfahrungen sammeln müssen. Bei einem meiner Zweizylinder brachen in der Luft beim Kunstflug einige Male 17 mm dicke (zu dünne) Kurbelwellen. Da war die Problemlösung eine ganz andere Geschichte, da half nur eine aufgeschrumpfte Wellenaufdickung.

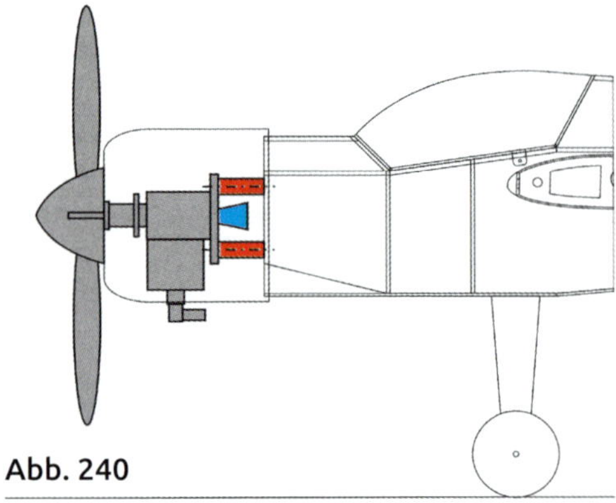
Abb. 240

Wie macht man es denn nun richtig? Vorausschicken möchte ich, dass ich kein Freund von elastischen Motoraufhängungen bin. Die haben meiner Meinung nach nur dann, wenn überhaupt, eine Berechtigung, wenn es um Lärmreduzierung geht. Ich möchte aber keine Zappelphilippe da vorne haben.

Bei Motoren, die hinten ihren Vergaser haben (Abb. 220), werden wir auf die Stehbolzen-Lösung nicht so ganz verzichten können. Sie sollten so kurz als möglich sein und an einen Spant aus Flugzeug-Birken-Sperrholz geschraubt sein. Pappelholz verbietet sich an dieser Stelle total, da sich die Stehbolzen blitzschnell ins viel zu weiche Holz eindrücken. Da hilft auch keine Lage GFK über dem Pappelholz, da drunter bleibt es zu weich.

Aber nehmen wir uns zuerst einmal das Thema vor, wie man die fast immer vorhandene Distanz zwischen Motorträger und Motorspant sicher und dauerhaft überbrückt.

Unsere großen Vorbilder verwenden als Motoraufhängung entweder mehrere superstabile Rohrdreibeine oder sogar massive geschmiedete Stahlkonstruktionen. Um so etwas nachbauen zu können, muss man perfekt beim Hartlöten sein.

Viel einfacher und damit für uns Modellbauer besser ist ein sogenannter Motordom, wie im Foto des großen Fieseler Storchs

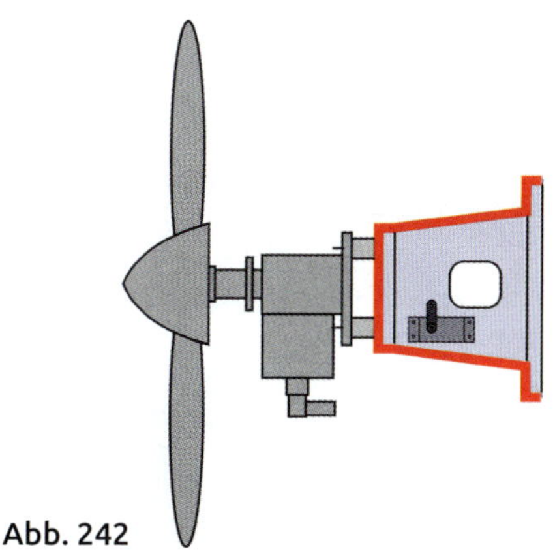

Abb. 242

Abb. 241

(Bild 241) zu sehen ist. So ein Dom nimmt es mit allen(!) Kräften problemlos auf.

Einen Dom zu bauen, ist kein Hexenwerk. Der erste Vorschlag basiert zumindest zu Anfang auf einer reinen Holzkonstruktion. Der eigentliche Motorspant muss natürlich aus hartem Birkensperrholz hergestellt werden, Pappel oder andere weiche Hölzer verbieten sich hier völlig. Pappel kann man aber für die Seitenwände des Doms verwenden, da dieses Holz eigentlich nur die Grundlage für eine kräftige GFK-Schicht sein muss. Der Abschlussflansch, der dann ans Brandschott geschraubt wird, sollte wieder aus Birke sein. Also vier konische Seitenwände an den Motorspant kleben. Diesen „Hut“ verleimt man dann mit dem Abschlussflansch. Jetzt werden mehrere Lagen Glasfaser darauf laminiert. Ich nehme dafür gerne 120-g/m²-Glasfasergewebe in Köperbindung. Köper lässt sich super anlegen, viel einfacher als Gewebe in Leinenstruktur. Drei Lagen sollten reichen. Wenn der Motor einen Heckvergaser hat, kann man gefahrlos in eine Seitenwand ein Loch fräsen, um an den Vergaser, bzw. seine Nadeln heranzukommen. Auch das Drosselservo kann hier problemlos seinen Platz finden.

Eine Methode, so einen Dom komplett in GFK aufzubauen, habe ich von Rene Bartlome aus der Schweiz zugeschickt bekommen. Er beginnt damit, sich die Form des zukünftigen Motordoms aus einem Schaustoffklotz herzustellen. Dabei werden

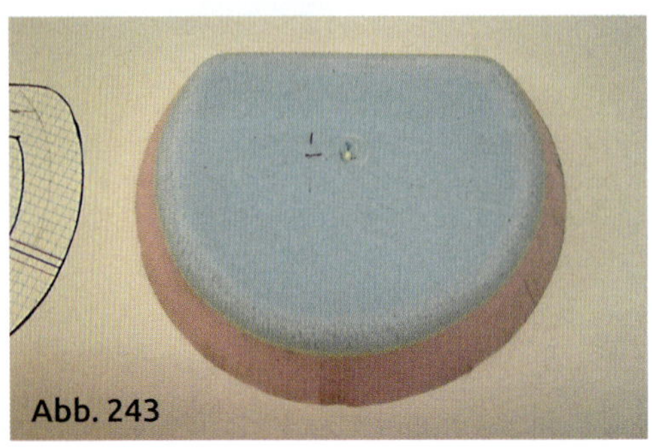

Abb. 243

gleich der geplante Motorsturz und der Seitenzug mit eingeschliffen.

Dieser Formklotz wird mit Paketband und Trennmittel abgedichtet und dann auf einer gewachsten Glasplatte mit Glasfaser- oder CFK-Gewebe beschichtet.

Sauber anliegen wird die Gewebeschicht aber nur, wenn mittels Unterdruck nachgeholfen wird. Das ist recht aufwendig, aber natürlich eine besonders elegante Art für einen Motordom, der auch durchaus seitliche Ausbrüche verträgt, um z.B. Platz für das Flammrohr zu schaffen. Auf einen kleinen, aber besonders wirksamen Trick, der in diesem Beispiel angewendet wurde, möchte ich hier noch eingehen. Dazu muss ich aber erst ein paar einleitende Erklärungen machen. Die meisten Motoren, die bereits mit einem Motorträger geliefert werden, haben eine 4-Punkt-Befestigung. Oder sie haben – wie die ZG-Motoren oder wie im Bild 245 der Motor von der Fa. Bauer – einen Alutopf zum Anschrauben. Das ist solange kein Problem, solange der Motor auf eine völlig ebene Fläche aufgeschraubt wird. Wenn allerdings, z.B. zum Einstellen des Motorsturzes eine Unterlegscheibe ins Spiel kommt, werden die vier Auflagepunkte des Motorträgers nicht mehr satt aufliegen und können mit den Schrauben ganz brutal verspannt werden. Ich habe schon einige Kandidaten mit einem angebrochenen Befestigungspunkt bei mir im Keller reparieren dürfen.

Die Verspannerei der Befestigungsschrauben kann auf eine einfache Weise vermieden werden. Man rührt mit Baumwollflocken oder anderen Füllmaterialien einen dicken Harzbrei an. Der Motorträger wird mit Folie und Trennmittel geschützt und mit reichlich Harzbrei auf den Motordom geschraubt. Dabei werden die Schrauben nur leicht angezogen. Nach dem Aushärten und dem Verputzen hat man einen perfekten Sitz für die 4-Punktbefestigung geschaffen und braucht keine Sorgen um ein eventuelles Abreißen eines Befestigungsarmes zu haben.

Ich baue meine Motoren grundsätzlich mit einer Dreipunktbefestigung aufs Modell. Ein Stuhl mit drei Beinen kann einfach nicht wackeln, also auch keine Verspannungen in ein Bauteil bringen. Und da ich bei meinen Modellen im Vorhinein nicht so richtig sicher bin, wie viel Seitenzug und Sturz nötig sind, kommen immer ein paar Unterlegscheiben ins Spiel.

Ein Motor mit einer 4-Punkt-Befestigung wird einfach auf eine 4-5 mm dicke

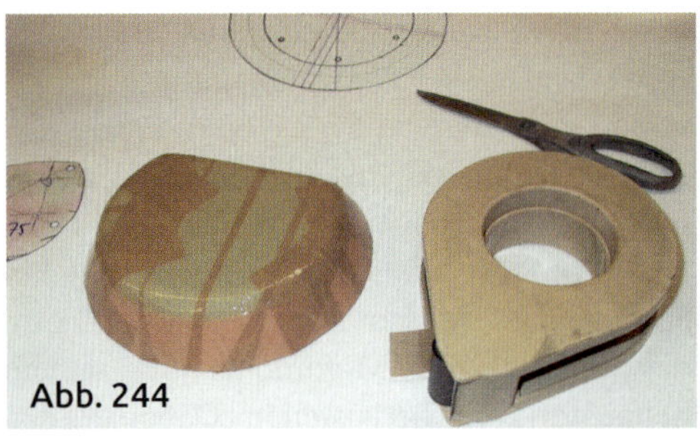

Abb. 244

Abb. 245

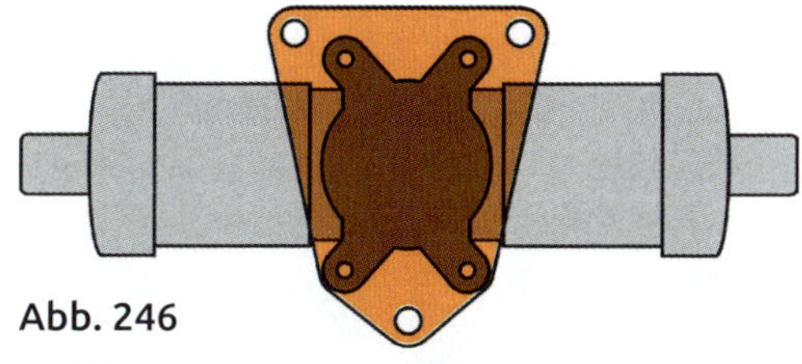

Abb. 246

Abb. 247

GFK-Platte geschraubt, die ihrerseits dann mit nur drei Schrauben ans Modell kommt. Für eventuelle Vergaser bekommt die GFK-Platte eine entsprechende Ausnehmung. So eine GFK-Platte hält eine Menge aus und ist auch noch hinreichend leicht. Selbst mein hubraumstärkster Motor, ein Dreizylinder mit 270 cm³ sitzt in meiner RYAN auf einer 5-mm-GFK-Halterung.

Wer sich das Foto 247 genau ansieht, sieht hinter der GFK-Platte auch einen Motordom aus Sperrholz mit seitlichen Ausbrüchen zum Drankommen. Dieser Dom ist innen mit GFK auslaminiert und hält schon viele Jahre.

Mit dem Bau eines stabilen Doms haben wir erst einmal die haltbare Basis für den Anbau des Motors geschaffen. Aber: Wir mussten uns mal wieder ärgern! Gerade, als wir bei einem Flugtag starten sollten, stellten wir wieder fest, dass die Motorschrauben lose waren. Also totale Hektik, Haube ab und in höchster Eile die Schrauben im Motordom angezogen.

„Hast Du denn kein Loctite verwendet?", fragt ein Kollege. Der Grund für die losen

Abb. 248

Schrauben ist ein ganz Anderer und mit Loctite nicht zu lösen.

Wer Holzpropeller verwendet, kennt dieses Phänomen auch. Nach einer gewissen Zeit werden die 6 Propellerschrauben locker und in der Propellernabe ist ein tiefer Eindruck. Im Foto 248 ist sogar deutlich sichtbar, dass die Holzstruktur bereits völlig überbeansprucht war und die Fasern zerschnitten sind.

Woher kommt das? Um das zu erklären, muss man wissen, dass Holz sehr unterschiedlich belastet werden kann. Gibt man die Last, möglichst auch noch auf eine zu kleine Fläche, so auf eine Holzplatte auf, dass die Maserung parallel zur Plattenoberseite liegt, gibt es nach kurzer Zeit einen deutlichen Eindruck. Das sieht völlig anders aus, wenn die Maserung senkrecht zur Plattenoberseite liegt. Dann verträgt selbst weiches Balsaholz ungeheuer hohe Belastungen – ohne einen Eindruck zu bekommen.

Da wir aus vielerlei Gründen nicht mit senkrecht gemasertem Holz, also sogenanntem Stirnholz, Modelle bauen können, muss es einen anderen Weg geben, die tiefen Eindrücke und damit die losen Schrauben zu vermeiden.

Eine sehr gute Methode ist es, die Auflagefläche deutlich zu vergrößern, um die Last auf der Holzoberfläche so klein zu halten, dass die Holzstruktur nicht geschädigt wird. Das erste Heilmittel ist also eine möglichst große Auflagefläche für die Schraubverbindung. Ich habe mir aus Aluminium

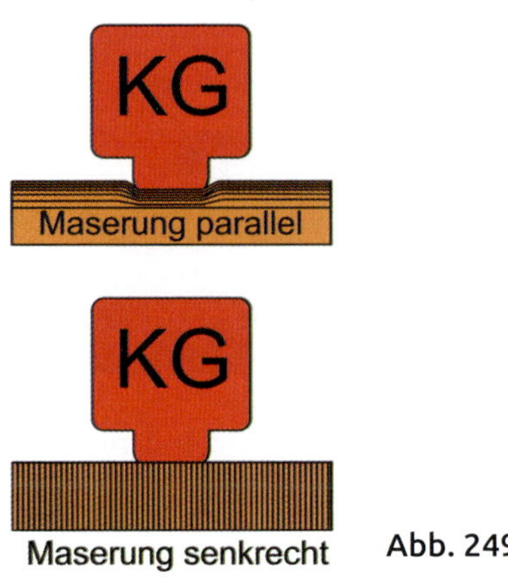

Abb. 249

Abb. 250

breite Scheiben gedreht, die in der Mitte einen Ansatz haben, mit dem sie als Distanzhülse in den Motorspant eingeklebt werden. Ich nehme dafür Uhu Plus Endfest 300, weil dieser Kleber Holz und Metall wirklich und fest verklebt. Der mittige Hülsenansatz ist ein paar 1/10tel Millimeter kürzer, als der Motorspant dick ist. Den Motorspant mache ich aus Birkensperrholz, meist zwei Lagen 4 oder 5 mm aufeinander.

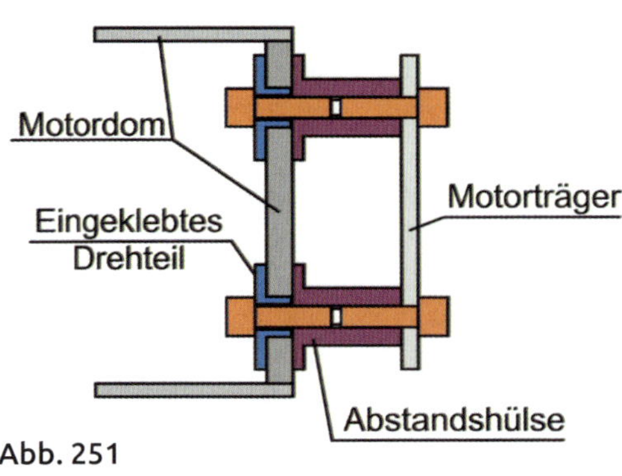

Abb. 251

Abb. 252

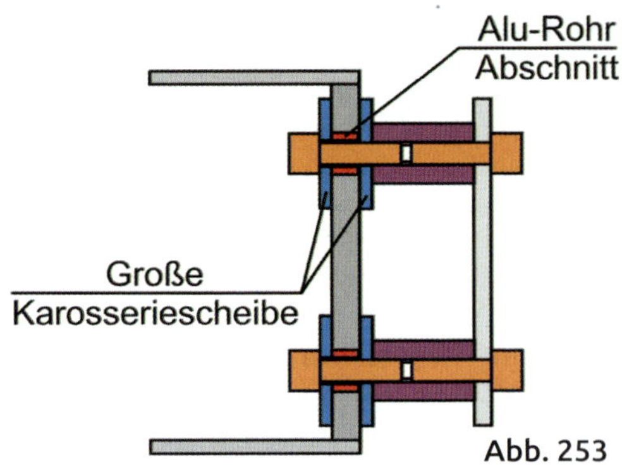

Abb. 253

Eine Lage Glasfaser- oder ganz edel Kohlefasermatte auf dem Motorspant oder zwischen zwei Platten ist nicht schlecht, nützt aber in Bezug auf das Lösen der Schrauben überhaupt nichts. Die Stehbolzen, an denen der eigentliche Motorträger angeschraubt wird, hat auch auf der Holzseite einen großen Durchmesser, alles im Sinne einer niedrigen Flächenbelastung. Jetzt darf man wirklich sicher sein, dass die einmal gut angezogenen Schrauben auch auf Dauer fest angezogen bleiben.

Wer keine Drehbank hat und auch keinen Freund mit einer solchen Maschine, kann sich auch ganz prima mit einer der großen Karosserieunterlegscheiben und einem abgesägten Stückchen Alurohr helfen (siehe Bild 253).

Kühlung

Wer sich die Zylindertemperaturen ansieht, die ich im Kapitel „Einlaufen" an meinem Reihenmotor gemessen habe, wird die Wichtigkeit einer gut gemachten Kühlluftführung unter der Motorhaube sofort akzeptieren.

Beim Einzylindermotor ist das noch recht einfach. Wenn der Motor voll unter einer Haube verschwindet, wird da, wo der Zylinder sitzt, ein Loch in die Haube geschnitten. Wenn man nun noch für einen störungsfreien Abzug der aufgeheizten Kühlluft sorgt, ist schon alles in Ordnung. Ich gehe mal davon aus, dass der Kühllufteinlass in etwa der Fläche des verrippten Zylinders einspricht, dann sollte nach der bekannten Faustformel die Austrittsfläche der Kühlluft dreimal größer sein. Ich weiß nicht wer und wann diese Faustformel aufgestellt hat, falsch ist sie nicht. Es geht aber auch mit deutlich weniger Austrittsfläche. Wichtig ist, dass die eintretende kalte Luft auch wirklich den Zylinder trifft und sich nicht unter der Haube verflüchtigt, ohne den Zylinder richtig und wirksam zu treffen.

Man kann sich das eventuelle Problem gut an einem Beispiel klar machen. Stellen wir uns vor, dass in einer großen Halle eine Tür nach draußen geöffnet und mächtig Zugluft reingeblasen wird. Wenn jemand direkt in der Türe steht, bekommt er eine Erkältung, tritt er aber ein paar Meter zurück, trifft ihn die kalte Luft gar nicht mehr, weil sie sich im großen Hallen Volumen verteilt hat.

Jetzt können wir den Zylinder ja nicht direkt im Kühlausschnitt positionieren. Aber ein paar gut gerundete Lippen, die die Kühlluft bis ganz nah an den Zylinder führen,

Abb. 254

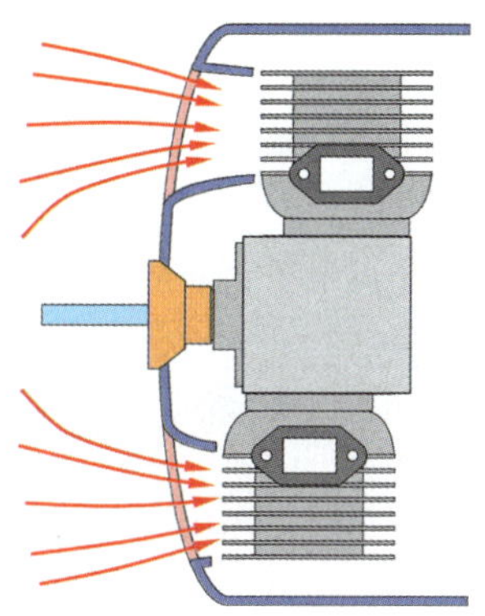
Abb. 250

Abb. 256

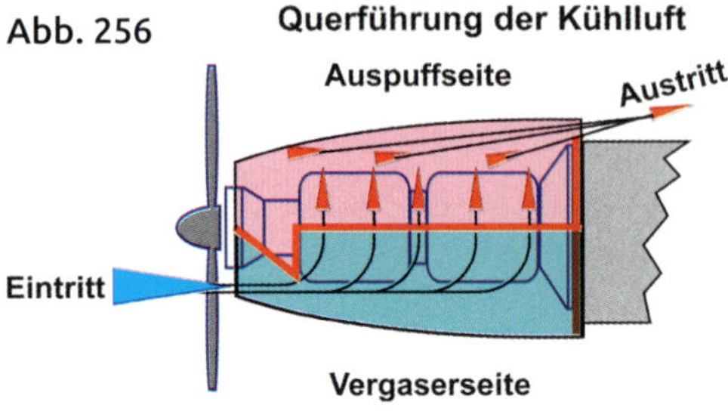

bringen Effizienz in die Kühlung und sparen, wenn es nötig sein sollte, auch noch Fläche bei der Kühlöffnung ein.

Wenn wir uns jetzt die vergleichbare Situation beim 2-Zylinder Boxermotor ansehen, dann gibt es einen kleinen, aber wichtigen Zusatz. Wer die Luftführung in der Motorhabe symmetrisch baut, benachteiligt den etwas zurückliegenden zweiten Zylinder, der dadurch heißer laufen wird. Also dran denken, dass der „Luftkanal" bis kurz vor die Kühlrippen geführt werden muss.

Der Reihenmotor braucht etwas mehr Aufwand, damit alle Zylinder identisch und gut gekühlt werden. Wie man es richtig macht, kann man bei unseren „manntragenden" Kollegen lernen. Der hintere Zylinder bekommt nur dann dieselbe Luftmenge und dieselbe Lufttemperatur, wenn der Kühlstrom quer durch die Motorhaube fließt.

Die Motorhaube wird innen in Motormitte so dicht als möglich an der Kontur des Motors entlang abgeschottet. Auch der Be-

Abb. 257

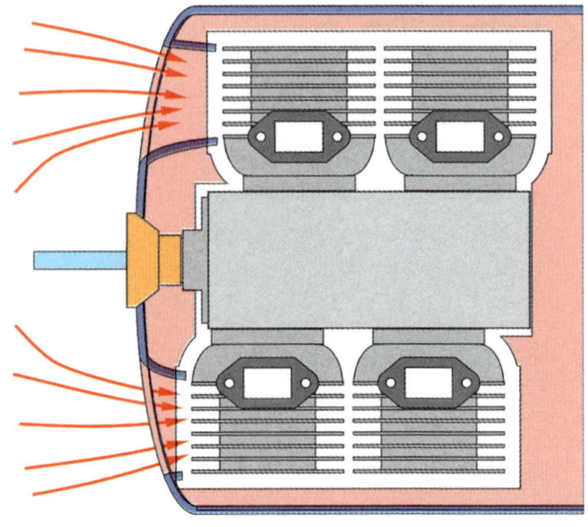
Abb. 258

reich zwischen dem Motor und dem Kopfspant wird „dicht" gemacht.

Die Kühlluft tritt nur auf der Vergaserseite ein, also auf der „kalten" Seite des Motors. Sie wird sich erst einmal stauen und kann nur noch quer durch die Kühlrippen hindurch auf die andere Motorseite gelangen. Nur auf dieser Seite gibt es einen Kühlluftaustritt. Zusätzlich sollte die Frontseite der Kühlrippen des ersten Zylinders abgedeckt sein, damit hier nicht zum Nachteil des hinteren Zylinders mehr Luft ankommt. In dem Beispielfoto 257 eines Dreizylinders in einer RYAN sind die Abschottungen teilweise direkt am Motor angeschraubt, die erste Frontzylinderabdeckung ist in der Motorhaube eingeklebt.

Wenn in der Motorhaube eines eventuellen Vorbildes der Kühllufteintritt nicht auf der Vergaserseite des geplanten Motors liegt, hat man möglicherweise mit etwas Leistungsverlust zu rechnen. Dann tritt die kalte Luft auf der Auspuffseite ein und heizt beim Austritt die Ansaugluft des (der) Vergaser auf.

Beim 4-Zylinderboxermotor sieht die Luftführung unter der Motorhaube so aus, als ob zwei Reihenmotoren nebeneinanderliegen würden. Es muss also wieder, diesmal

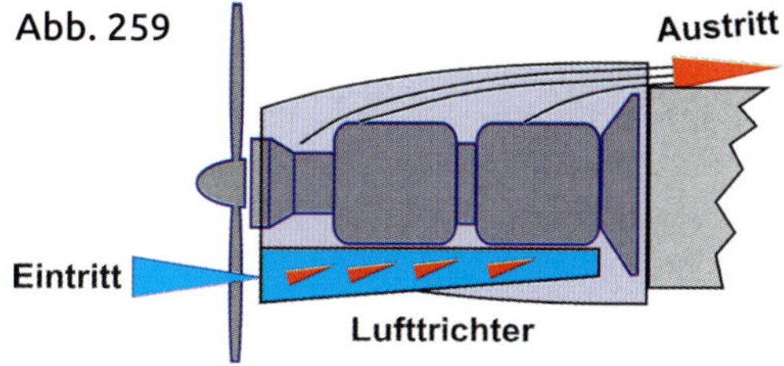

aber horizontal, eine Abschottung in Motormitte eingebaut werden, damit auch hier die Kühlluft quer durch die Rippen fließen kann. Nur so sind alle vier Zylinder gleich gekühlt.

Gerade bei dieser Motorart habe ich die tollsten Ratschläge gesehen. Da wird davon gesprochen, dass die hintere Zylinderreihe ja immer heißer läuft, als die vordere und dass man als Gegenmaßnahme den hinteren Vergaser fetter stellen soll. So ein Unsinn! Wer die Luftführung unter der Haube vernünftig gemacht hat, kann beide Vergaser der zwei Zylinderreihen bedenkenlos identisch auf maximale Drehzahl einstellen. Wenn die Zylinder in der Temperatur um 5°C bis 20°C differieren, ist alles im grünen Bereich. Erst wenn sich ein Unterschied von 50°C bei einem Niveau von 150°C einstellt, sollte man die Luftführung überarbeiten, aber nicht an den Vergasern drehen. In der manntragenden Fliegerei dreht auch keiner den Vergaser fetter!

Ich habe schon Kühllösungen gesehen, bei denen mit einer Art Trichter, die Luft an die Zylinderreihe ran geführt wird. Da fließt die Kühlluft aber wieder parallel zum Motor und wird zwingend hinten höhere Temperaturen bringen.

Der Grundgedanke mag richtig sein, den Kühlluftstrom nach hinten zu beschleunigen, aber die Auslegung so eines Trichters ist reine Glückssache.

Lager und mehr

Als ich in den 1950er Jahren meinen ersten kleinen Verbrenner zu Weihnachten bekam – einen Taifun Rasant mit blau eloxiertem Zylinder – hatte dieser Motor kein einziges Kugellager. Alles, auch die Kurbelwelle war gleitgelagert. Das ging ja auch völlig problemlos, da in dem selbst gemixten „Diesel"-Sprit, neben 1/3 Äther, auch 1/3 Petroleum und 1/3 Rizinusöl drin war. Petroleum hat schon eine gewisse Schmierwirkung, aber 1/3 Rizinusöl ist schmiertechnisch eine Bombe. Damals hatten nur die sogenannten „Rennmotoren" Kugellager an der Kurbelwelle. Mein Webra Mach1, mit dem ich beim Fesselflug Speedfliegen sagenhafte 146 km/h geschafft habe, hatte neben den Kugellagern sogar einen Flachdrehschieber auf der Rückseite (siehe Kapitel Einlasssteuerung).

Heute ist natürlich jeder Benziner mit Wälzlagern ausgestattet, Kugellagern an der Kurbelwelle und hoffentlich Nadellagern am Pleuel.

Vor längerer Zeit hatte ich einmal einen kleinen chinesischen Benziner zu kurieren, der sich total weigerte, vernünftig zu drosseln und überhaupt komische Laufeigenschaften hatte.

Auffällig war, dass nach einigen Minuten Laufzeit etwas Öl aus dem Schlitz zwischen Propellernabe und Motorgehäuse austrat. Außerdem lief der Motor weiter, obwohl die Vergaserklappe voll geschlossen war.

Nach Überprüfung des vorderen Lagers war dann auch die Ursache für das schlechte Benehmen des kleinen Benziners gefunden. Da hatte man bei der Montage des Motors

Abb. 260

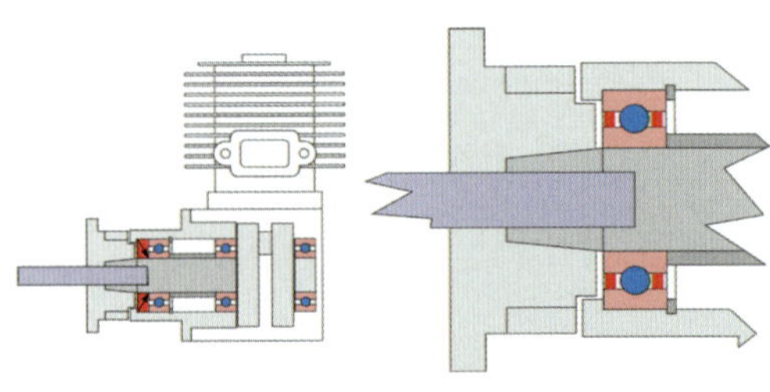

Abb. 261

Abb. 262

Abb. 263

in China ein Lager mit einer ungeeigneten Lagerabdichtung ausgesucht.

Bei diesem Motor, wie bei vielen anderen auch, war kein separater Wellendichtring zur Gehäuseabdichtung vorgesehen. Diese wichtige Funktion sollte ein abgedichtetes Lager übernehmen.

Das geht auch völlig in Ordnung, wenn man die richtige Dichtungsart gewählt hat. Bei dem kleinen Problemfall „pfiff" es aber mächtig durch das vordere Lager heraus, wodurch der Gaswechsel im Gehäuse logischerweise durcheinander kam.

In der Grundform ist ein Kugellager total offen, man kann die einzelnen Kugeln sehen. In dieser Ausführung wird ein Lager gerne da eingesetzt, wo keine Dichtfunktion gefragt ist. Dichtung kann auch heißen, Abdichtung gegen Verschmutzung von außen. Ohne Dichtung hat ein Lager den geringsten möglichen Reibwiderstand. Die Schmierung für ein offenes Lager muss aus dem Motor selbst kommen, also aus dem Öl im Sprit.

Die erste, leichteste Stufe eine Kugellagerdichtung ist mit der Typenbezeichnung „ZZ" oder „2ZZ" gekennzeichnet. Hierbei handelt es sich nur um eine reibungsfreie Staubscheibe, die keinerlei Druck einsperren kann und nur verhindert, dass Schmutz von außen ins Lager gelangt. Wenn eine „2" vor dem Typennamen steht, bedeutet das nur, dass beide Seiten des Lagers so ausgestattet sind. Da das Lager vom Hersteller eine Dauerfüllung Fett mitbekommen hat, läuft es etwas schwere als ein offenes, ölgeschmiertes Lager.

Dann gibt es die Lagerreihe mit dem Namenszusatz „RZ" oder „2RZ". Das sind zwar Lager mit echten Dichtungen, aber sie sind auf extremen Leichtlauf getrimmt und halten keinerlei Druck aus. Ich habe einen meiner Eigenbaureihenmotoren einmal mit

Abb. 264

solchen Lagern ausgestattet, um durch die geringere Reibung etwas mehr Leistung zu gewinnen. Die Dichtungen in diesen Lagern haben keine Minute standgehalten, dann hatte der Gehäuseinnendruck die Fettfüllung „aus allen Knopflöchern" nach außen geblasen. Die richtigen Lager an dieser Stelle haben das Kürzel „RS" oder besser „2RS" im Namen. Diesen ebenfalls fettgefüllten Lagern kann man schon ganz schön Druck zumuten. Am allerbesten sind allerdings Lager mit der Bezeichnung „2RSH". Dabei hat jede Dichtscheibe zwei Dichtlippen, doppelt dichtet eben noch besser. Bisher habe ich diese tollen Lager nur bei SKF gefunden. Es mag aber sein, dass die anderen Lagerhersteller auch so eine doppelte Doppeldichtung haben. Da es schon etwas Arbeit ist, so ein Lager zu tauschen und da es durch ein defektes Lager durchaus zu einem Motorschaden führen kann, sollte man, beim Lagerkauf auf „Markenware" setzen. Ein namenloses Lager für 1,50 € bei eBay gekauft, hat im Motor nichts zu suchen!

Doch nach diesem Exkurs in die Lagertypologie zurück zu dem chinesischen Motor. Was für ein Lager dort eingebaut war, weiß ich nicht. Es ist eindeutig so, dass es nicht dicht war. Die Folge war, dass selbst bei völlig geschlossener Drosselklappe im Vergaser der Motor weiter lief. Er musste also irgendwo her Luft bekommen, durch den geschlossenen Vergaser konnte ja nichts kommen. Die Luft bekam er durch das undichte vordere Lager. Um den undichten Chinesen zu kurieren, war also nur ein gutes Kugellager mit der Bezeichnung „2RSH" nötig.

Dicht soll es sein und fest soll es bleiben!

An unseren Benzinern sind eine ganze Menge Stellen, die mit irgendeiner Methode abgedichtet werden müssen. Spätestens bei der Montage eines Schalldämpfers stoßen wir auf dieses Thema. Was wird gemacht? Da wird aus Sorgfalt eine neue Papierdichtung zwischen die Flansche des Motors und des Schalldämpfers gelegt und die Befestigungsschrauben werden auch ordentlich festgezogen.

Dann gehen wir fliegen. Aber was ist denn das? Nach ein paar Flügen hören wir, dass der Schalldämpfer undicht ist. Also werden die Schrauben geprüft – lose! Waren also doch nicht fest genug angezogen. Also wiederholen wir das Ganze und sichern die Schrauben auch noch mit Loctite. Jetzt sollte aber Ruhe sein.

Ein paar Flüge später hören wir wieder, dass der Dämpfer undicht ist. Trotz Loctite. Zuhause stellen wir dann fest, dass die Schrauben immer noch nicht lose sind, aber der Schalldämpfer trotzdem schlackert. Was passiert denn da?

Die Skizze 265 zeigt so eine typische Situation. Sehen wir uns zuerst das rechte Detail an. Die Dichtung ist rot dargestellt und besteht im Wesentlichen aus Fasern. Abgedichtet werden soll ein Abgaskrümmer, an dem noch ein gewichtiger Schalldämpfer hängt. Der ist zwar auch noch irgendwo am Modell befestigt, aber die ganze Einheit ist absolut kein starres Gebilde. Außerdem schüttelt sich unser Benziner bestimmt bei einer bestimmten Drehzahl. Machen sie alle! Diese Minibewegungen belasten die Dichtung, die dadurch eine Kleinigkeit komprimiert wird. Und schon haben die Schrauben ihre Vorspannung verloren und der Krümmer ist lose. Selbst die Verklebung mit Loctite hilft da überhaupt nicht, die Dichtung wird immer noch leicht durch das geringe Schütteln komprimiert. Der Krümmer wackelt jetzt trotz festsitzender Schrauben!

Ich verwende grundsätzlich keine Dichtungen, auch da nicht, wo nicht solch lange Bauteile dran hängen. Ich nehme stattdessen als Dichtmaterial Silikonkautschuk, und zwar von Wackerchemie: Elastosil E43. Siehe linkes Detail in der Skizze. Seitdem ich meine Schalldämpfer damit abdichte, ken-

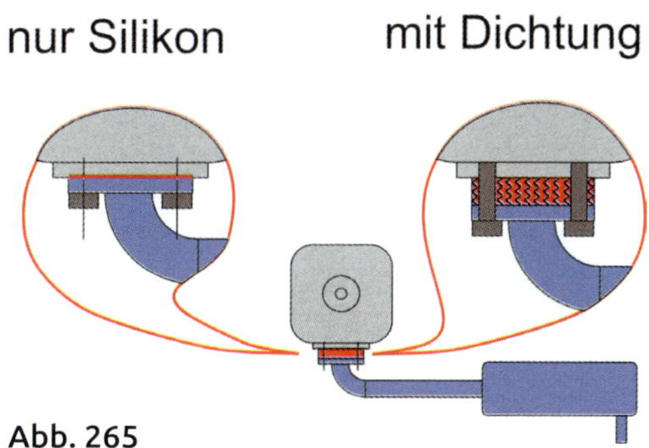

Abb. 265

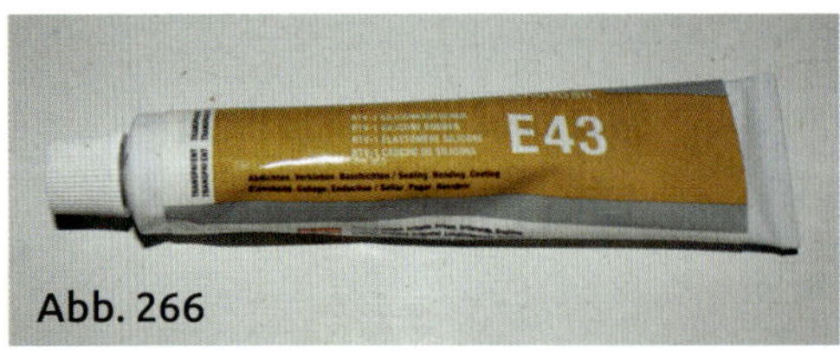

Abb. 266

ne ich keine undichten Flansche mehr. Die Schrauben halten ihre Vorspannung und bleiben auch ohne Loctite absolut fest. Und wenn ich irgendwann einmal den Krümmer abnehmen muss, dann muss ich mit einem Schraubendreher nachhelfen, so fest hat das Silikon trotz der Auspuffhitze den Flansch verklebt.

Auch beim Vergaser vermeide ich Papierdichtungen zwischen Motor und Vergaser und nehme auch dort E43. Nur an einer Stelle darf man das nicht. Manchmal ist die Materialdicke der Dichtung nötig, um eine bestimmte Position zu erreichen. Spezielles Beispiel ist die Fußdichtung des Zylinders. Im linken Teil der Skizze 267 ist der Zylinder mit seiner Dichtung am Fuß gezeigt. Wenn der Hersteller seine Arbeit gut gemacht hat, sollte die Oberkante des Kolbens im unteren Totpunkt exakt mit der Unterkante der

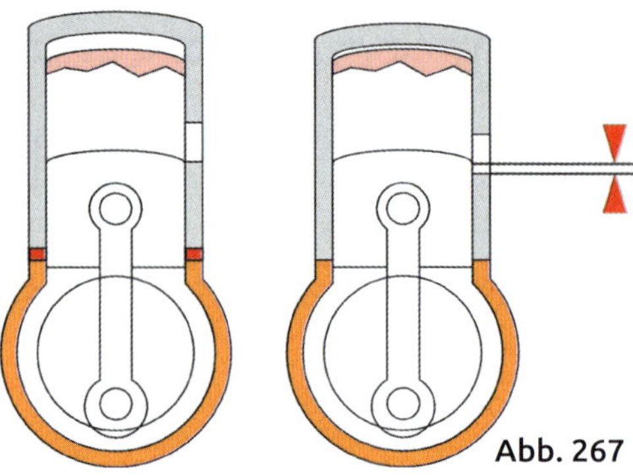
Abb. 267

Auspufföffnung übereinstimmen. Manchmal wird da leider geschludert, aber das ist jetzt nicht das Thema. Jetzt lassen wir die Dichtung weg und nehmen stattdessen z.B. E43. Der Zylinder rutscht jetzt um die fehlende Dichtungsdicke näher an das Kurbelgehäuse ran, bzw. der Kolben kommt um diesen Betrag weiter in den Zylinder rein. Wir haben dadurch ungewollt die Kompression erhöht. Das könnte hin und wieder sogar mal besser sein, in den meisten Fällen wird unser braver Benziner nur unnötig rau und haut uns vielleicht sogar auf die Finger. Also da ist Silikon verboten!

Achtung: Holzpropeller!

Bei einem Flugtag ist es dann passiert. An dem Modell meines Freundes hat sich mit einem unangenehmen Knall der Propeller schlagartig vom Motor getrennt. Der Motor blieb natürlich sofort stehen, zu Glück war sonst nichts geschehen. Was war passiert?

Wie bei vielen Motoren – auch an dem des Modells meines Freundes – wird die Luftschraube mit sechs Stück M5-Schrauben befestigt. Alle sechs Schrauben hatten mit der Güteklasse 8.8 auch die erforderliche Festigkeit. Es waren also keine weichen „Baumarktschrauben" verwendet worden. Bei dieser Befestigungsart werden alle Kräfte zwischen Motor und Luftschraube ausschließlich über einen sogenannten Reibschluss übertragen. Das heißt, dass die sechs Schrauben den Propeller so stark auf die Motornabe drücken müssen, dass die volle Leistung übertragen werden kann.

Wenn die Vorspannung der Schrauben aber aus irgendeinem Grund nachlässt, dann geht der Reibschluss verloren und die ganze Leistung stützt sich als Scherkraft auf die sechs Schrauben ab. Hinzu kommt noch, dass unsere Benziner ihr Drehmoment ja nicht kontinuierlich abgeben, sondern mit einer erheblichen, schlagartigen Spitze bei jeder Umdrehung. Das hat dann katastrophale Folgen. Der Motor verliert die konstante Schwungmasse des Propellers, die er aber dringend zu einem runden Lauf nötig hat. Er beginnt, im Takt der Verbrennungsvorgänge, seitlich auf die Schraubenschäfte zu hämmern. Das geht nicht lange gut, eine Schraube nach der anderen wird abgeschert. Ergebnis: siehe Fotos.

Mein Freund hatte bei seinem Modell einen Holzpropeller verwendet. Die Motornabe ist im Durchmesser kleiner als der Durchmesser der Propellernabe und hat sich über

Abb. 268

Abb. 269

Abb. 270

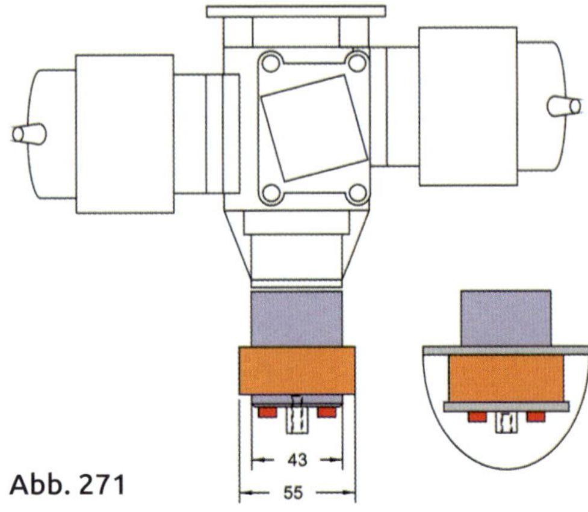

Abb. 271

die Anziehkräfte der Schrauben allmählich ins Holz rein gezogen.

Das Foto 270 zeigt eine Luftschraube, die ich bei einem anderen Motor bei Prüfstandläufen benutzt habe. Der Motorhersteller hatte die Nabe durch seitliche Einfräsungen optisch etwas aufgepeppt, wodurch die tragende Fläche noch kleiner geworden ist. Mit dem Eindrücken ins Propellermaterial geht natürlich die Schraubenvorspannung verloren und damit auch der Reibschluss, den wir so dringend nötig haben. Das war in diesem Fall passiert. Gut, man kann vor jedem Start die Schrauben nachziehen oder statt des Holzpropellers einen CFK-Propeller verwenden, aber das ist doch keine befriedigende Lösung. Diese Eindruckspuren habe ich auch schon bei einigen CFK-Luftschrauben gefunden, speziell dann, wenn in der Kunststoffnabe als Füllmaterial flach gemasertes Holz anstelle von Stirnholz verwendet wurde oder der Kunststoff über die Motortemperatur weich geworden war.

Mit etwas Mathematik wird die Sache noch klarer. Die Propellernabe eines Boxers, den ich neulich auf meinem Prüfstand hatte, hat einen Durchmesser von 43 mm. Das ergibt eine Auflagefläche von ca. 1.450 mm². Die sechs Innensechskantschrauben der Größe M5 und der Qualität 8.8 pressen den Propeller mit nahezu 1,5 Tonnen auf die Nabe, was einer Flächenpressung von etwa 10 N/mm² entspricht. Das ist offensichtlich für Buchenholz in dieser Maserrichtung zu viel! Nehmen wir bei einer Luftschraube für diesen Motor einen Nabendurchmesser von 55 mm an, dann verschenken wir eine Menge Fläche für einen dauerhaften Erhalt des so wichtigen Reibschlusses. Das sieht schon erheblich freundlicher aus, wenn ein Spinner mit Rückwandplatte und eine größere Propellerscheibe eingesetzt werden. Dann trägt der volle Nabendurchmesser mit einer Fläche von 2.375 mm², was einer Flächenpressung von nur noch 6,3 N/mm² entspricht. Das sind satte 37% weniger!

Eine größere Propellerscheibe kann man sich ganz einfach aus einer GFK- oder CFK-Platte schneiden. Wer eine Drehmaschine zur Verfügung hat, wird wahrscheinlich bei Aluminium bleiben. Mit dieser Maßnahme bekommt man eine Menge Sicherheit gegen

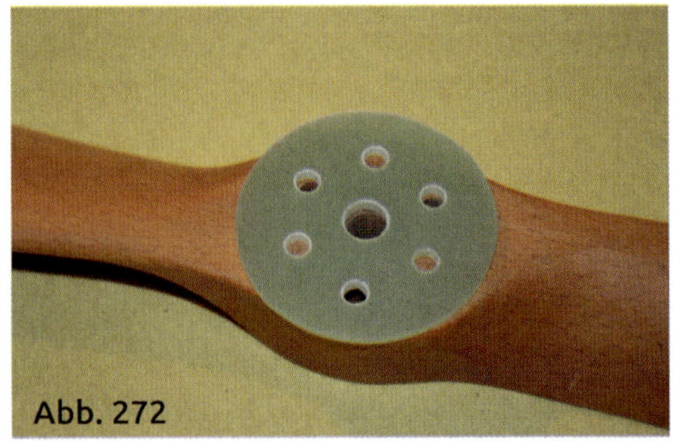
Abb. 272

Abb. 273

Abb. 274

abfallende Propeller ohne großen Aufwand.

Das sollte uns aber nicht daran hindern, von Zeit zu Zeit den festen Sitz der Schrauben zu prüfen.

Es kann aber noch viel extremer kommen, als nur den Prop zu verlieren:

Bei dem Boxer in Bild 273 ist die Luftschraube nicht in einmal abgefallen, sondern ist durch die spaltenden Scherkräfte an den Schrauben in viel Teile zersplittert. Dadurch hat es für einen kurzen Moment eine derart hohe Unwucht gegeben, dass der Motorspant herausgerissen wurde. Viel gefährlicher war aber, dass rund ein Dutzend gefährlich spitze und wahnsinnig schnelle Propellerbruchstücke wegflogen. Da möchte man bestimmt nicht gerade im Weg gestanden haben!

Ich liebe Holzpropeller und verwende sie bei meinen Modellen schon aus Kostengründen. Aus dem Grund habe ich dafür Sorge getragen, dass hinter dem Prop eine Spinnerscheibe und vor dem Prop eine große Aluscheibe, die Schraubenlast gut verteilen.

Einlaufen lassen?

Jeder von uns Modellfliegern/-bauern kennt dieses Gefühl, dass wir besonders als Kinder alle kurz vor der Weihnachtsbescherung gehabt haben. Freudige und ungeduldige Erwartung! Mich beschleicht dieses Gefühl – unabhängig von Weihnachten – jedes Mal, wenn ich einen neuen Motor in die Hände bekomme. Nach der ersten äußeren Begutachtung und dem massiven Unterdrücken des Wunsches, das neue Teil sofort mal von innen zu sehen, möchte man den Motor laufen sehen und hören. Nicht so schnell! Auch wenn die beiliegende Betriebsanleitung nicht besonders dick sein sollte oder aus dem Chinesischen über eine englische Variante, endlich von einem Modellunkundigen ins Deutsche übertragen worden ist, so sollte man die Hinweise trotzdem gut lesen. Da steht z.B. bestimmt eine wichtige Benzin/Öl-Gemisch-Empfehlung drin, die eventuell abweicht von der eines superschlauen Forum-Schreibers. Manchmal steht da drin, man solle zum Einlaufen ein (schlechter schmierendes) Mineralöl nehmen und erst danach auf das (bessere) Synthetiköl umsteigen. Dann steht auch schon mal da drin, man solle den Motor auf dem Prüfstand mit mehreren (vielen) kurzen Läufen einlaufen lassen. In letzter Zeit lese ich aber immer öfter, man solle den Motor am Boden nur kurz laufen lassen, lange genug um den Vergaser auf die fette Seite voreinzustellen. Und dann sofort mit dem neuen Motor im Modell in die Luft.

Was ist die richtige Methode, den neuen Motor für ein langes und problemloses Leben vorzubereiten? Dazu sehen wir uns einmal ein Diagramm an, dass die Temperaturentwicklung der beiden Zylinder eines Zweizylinderreihenmotors zeigt. Das Ergebnis gilt aber genauso für einen Einzylinder oder einen Boxermotor. Der Motor, den ich bei dieser Messung verwendet habe, war

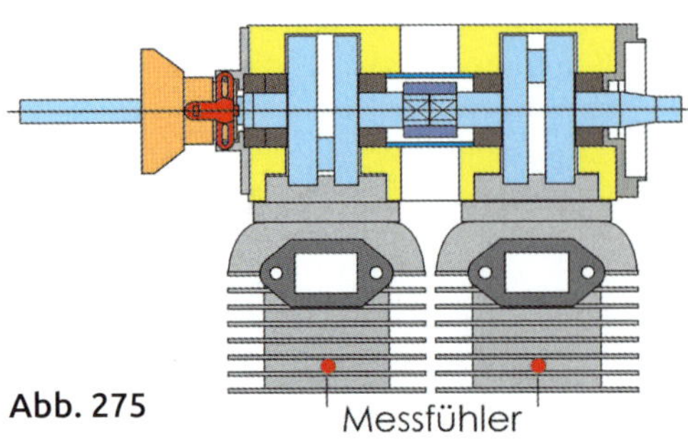

Abb. 275

Abb. 276

Abb. 278

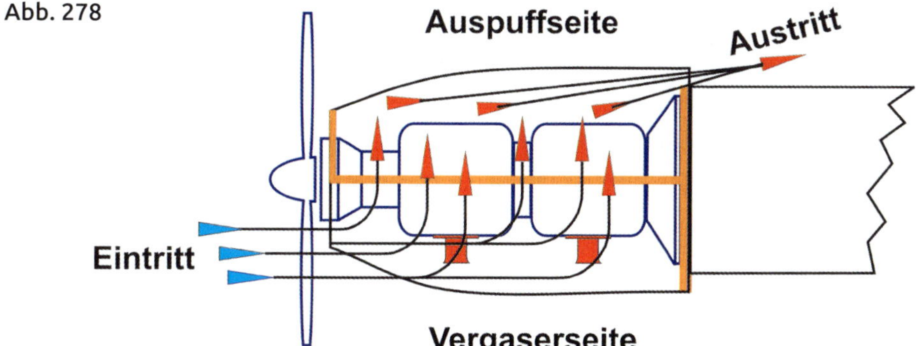

ein 180-cm³-Zweitakter, eingebaut in meiner ZLIN XIII. Der Motor hatte seinen Einlaufvorgang schon lange hinter sich, konnte also eigentlich schon völlig „frei atmen". Der Anlass war festzustellen, wie effektiv die Kühlluftführung unter der Motorhaube funktioniert.

Ich habe den Motor im Modell, aber am Boden laufen lassen und die Drehzahl allmählich auf die maximal möglichen 5.700 1/min gesteigert.

Die Messfühler saßen zwischen der zweiten und dritten Kühlrippe auf der Auspuffseite. Das ist die Seite, die durch die Kühlluftführung „im Windschatten" liegt. Nach gut fünf Minuten lagen am hinteren Zylinder 184°C und am vorderen Zylinder 160°C an! Trotz einer guten Kühlluftführung seitlich durch den Motor hindurch, also ohne einen Zylinder zu benachteiligen, hatten die Zylinder eine Temperaturdifferenz von 24°C.

Dann bin ich mit der Messvorrichtung im Modell geflogen. Wieder mit längeren Vollgasphasen, was ich normalerweise mit so einem starken Motor gar nicht nötig habe.

Im Flug steigerte sich die Drehzahl auf gut 6.000 1/min. Viel interessanter waren aber die beiden Zylinderkopftemperaturen.

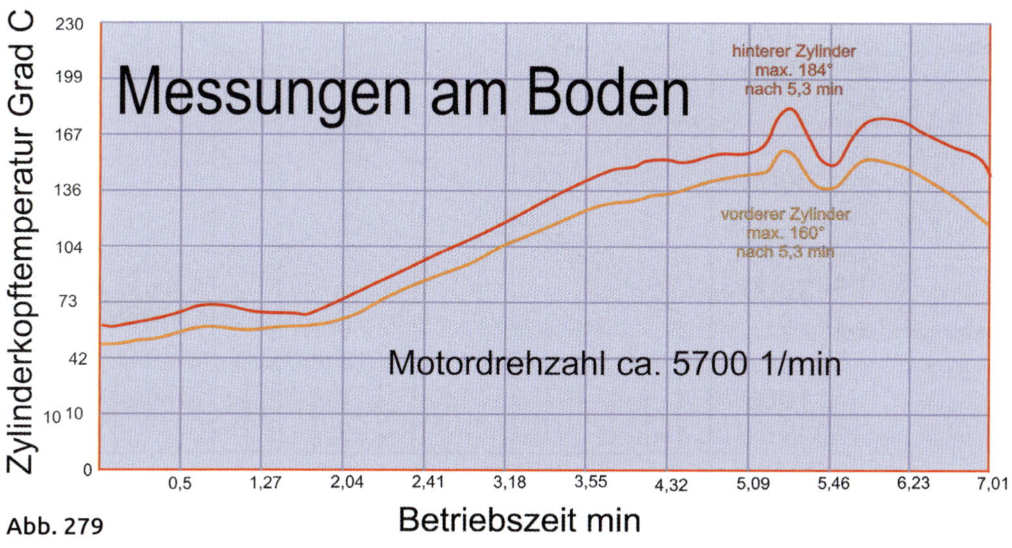

Abb. 279

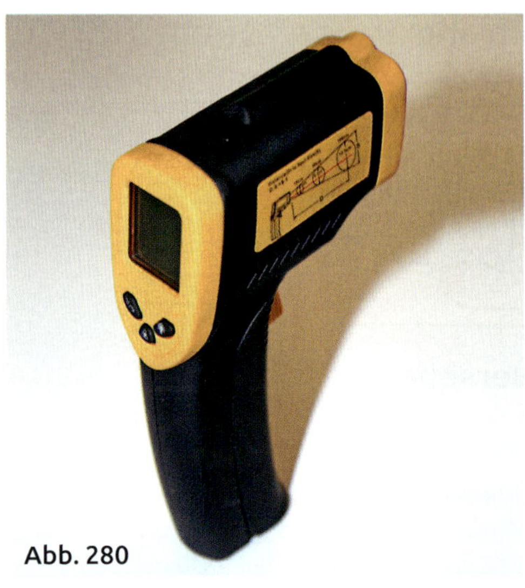

Abb. 280

Die lagen nämlich nur noch bei 90° C bzw. 85° C.

Resultat der Messung: Erstens, im Flugbetrieb ist die Kühlluftverteilung seitlich durch die Zylinder hindurch für den vorderen und hinteren Zylinder optimal!

Zweitens, die thermische Belastung ist im Flug ERHEBLICH niedriger, als bei Standläufen am Boden.

Nach diesen Messwerten kann die Empfehlung fürs Einlaufen eines neuen Motors nur lauten: Kurz am Boden voreinstellen und dann – fett eingestellt – in die Luft. Und das mit dem Öl und dem Gemisch, wie es der Hersteller vorgibt. Ohne den Umweg über ein „schlechteres" Einlauföl!

Wer viel tun möchte und auch den nötigen Spieltrieb hat, kann sich eine der preiswerten IR-Temperaturkameras kaufen und bei den Bodenläufen die Zylindertemperatur überwachen. Dabei sollte man darauf achten, dass man nur von stumpfen – nicht glänzenden – Metalloberflächen glaubhafte Temperaturwerte bekommt. Und um diese relativ kleine Flächen abtasten zu können, muss man mit der Kamera sehr nahe an den Motor – Zylinder – heran. Meine Kamera hat z.B. bereits nach 30 cm Messabstand eine Messfleckgröße von 38 mm, bei 90 cm Abstand

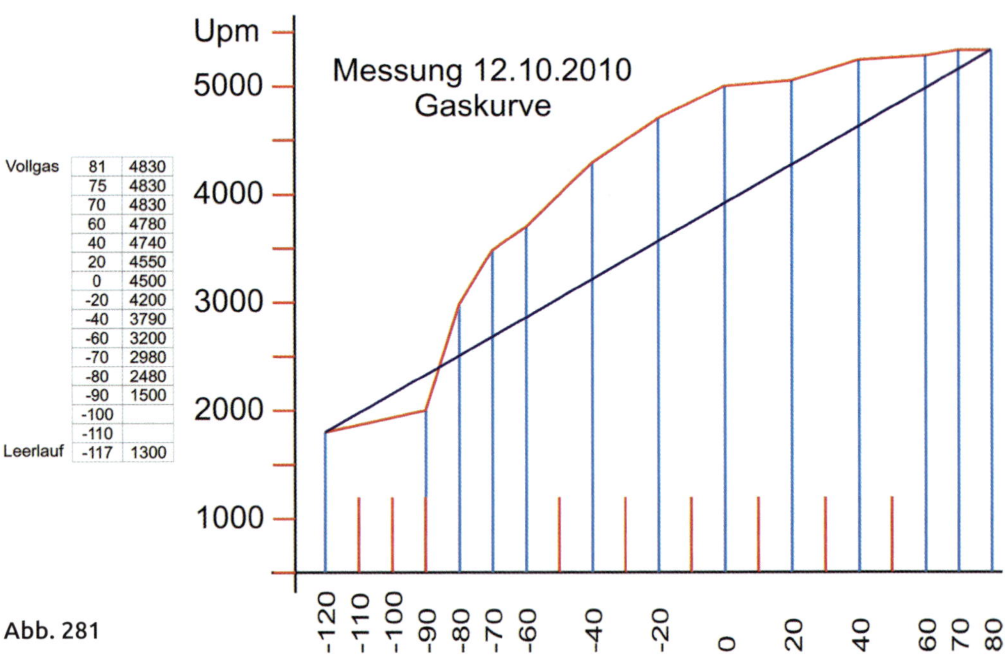

Vollgas	81	4830
	75	4830
	70	4830
	60	4780
	40	4740
	20	4550
	0	4500
	-20	4200
	-40	3790
	-60	3200
	-70	2980
	-80	2480
	-90	1500
	-100	
	-110	
Leerlauf	-117	1300

Abb. 281

schon 75 mm Durchmesser. Beide Messflecke sind für eine vernünftige, gezielte Zylindermessung zu groß. Ich muss also sehr nahe an den Zylinder heran, weit innerhalb des Propellerkreises. Bei Vollgas!

Übrigens habe ich anlässlich der Temperaturmessungen auch einmal festgehalten, wie das Verhältnis der Gasknüppelstellung zur tatsächlichen Drehzahl ist. Von Linearität keine Spur! Ich habe sogar schon viel schlechtere gesehen. Wer hier einen geradlinigeren Verlauf haben möchte, sollte sich mit der Gaskurvenanpassung seines Senders mal ein paar Stunden beschäftigen.

Boxer mit „Charakterschwäche“

Diese Kapitel ist eigentlich die „Story“ einer fehlgeschlagenen Idee von mir und passt eigentlich nicht so recht in ein nüchternes Fachbuch. Allerdings habe ich dabei einige Aha-Effekte erlebt, die vielleicht auch für den Leser interessant sein könnten.

Man geht im Allgemeinen davon aus, dass Mehrzylinder-Motoren deutlich schwingungsfreier laufen als hubraumähnliche Einzylinder. Sagen wir mal, beim 4-Takter stimmt das auch meistens. Beim 2-Takter gilt dieser Gedanke nicht immer, weniger z.B. bei einem 2-Zylinder Boxermotor. Zur Erklärung sehen wir uns eine Prinzipskizze eines 2-Zylinder Boxers (Abbildung 282) genauer an. Was sich hin und her bewegt, ist in beiden Zylindern total gleich und bewegt sich auch noch völlig synchron. Also sind das eigentlich die besten Voraussetzungen für einen schwingungsfreien Lauf. Aber: Das Frischgas wird über einen zentralen Vergaser und ein Flatterventil ins Motorgehäuse geleitet. Da muss es auf jeden Fall hin, da ja beim Abwärtshub des Kolbens das Frischgas durch die Überströmkanäle in den Brennraum gedrückt werden muss. Im Motorgehäuse trifft das Gasgemisch auf die heftig drehenden Kurbelwellenwangen. Dadurch teilt sich der Frischgasstrom leider nicht mehr symmetrisch. Damit die Verbrennung in beiden Zylinder auch zeitlich und kraftmäßig simultan erfolgen kann, müssen beide Zylinder auch schön gleich gefüllt werden. Das klappt beim 2-Takt-Boxer nicht so ganz. Der Zylinder, der in Drehrichtung liegt, bekommt mehr Sprit ab, dafür der andere weniger! Ups! Da haben wir mit der Boxeranordnung zwar eine symmetrische Massenverteilung der sich bewegenden Teile, aber eine ungleiche Zylinderfüllung. Ergebnis, der Motor läuft doch nicht so rund, wie wir es gerne hätten. Egal, ob die Einlasssteuerung über ein Flatterventil oder einen Drehschieber geschieht (siehe Kapitel Einlasssteuerung), die identische Füllung der beiden Boxer-Zylinder stellt ein Problem dar. Zu-

Abb. 282

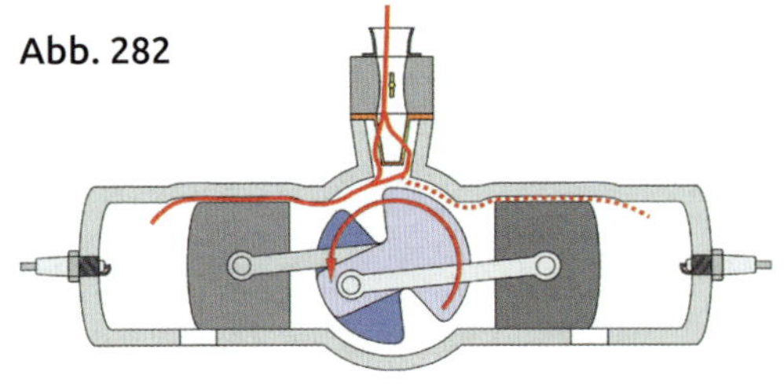

Abb. 283

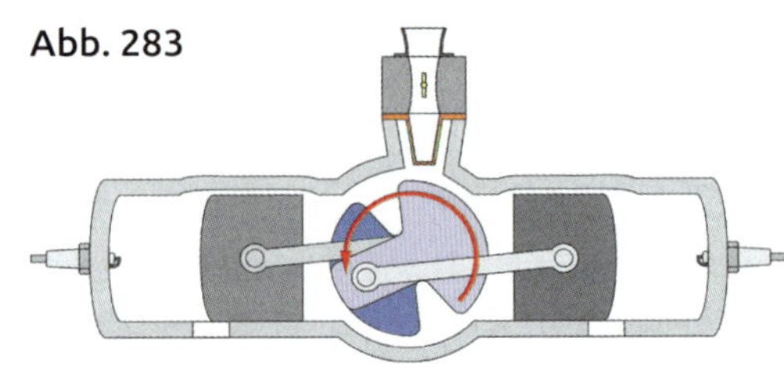

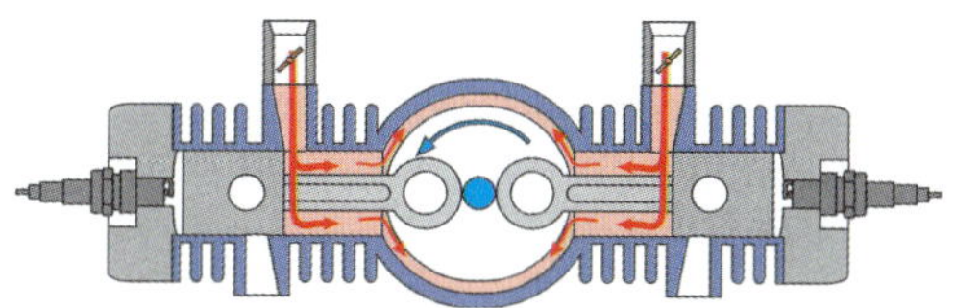
Abb. 284

Abb. 285

sammenfassend auf den Punkt gebracht: Der Boxer hat ein gemeinsames Motorgehäuse für beide Zylinder. Darin verhindert die drehende Kurbelwelle eine gleichmäßige Zylinderfüllung = ungleichmäßige Verbrennung = unruhiger Lauf.

Abb. 286

Die Motorenbauer versuchen, diesem „Charakterfehler“ des Boxerprinzips mit Tricks entgegen zu arbeiten. Eine beliebte Maßnahme ist ein Mittenversatz der Einlasssteuerung in Richtung des benachteiligten Zylinders. Um die richtige Position zu finden, sind jede Menge Versuche nötig. Zum Glück gibt es eine ganze Reihe von guten Beispielen, also Boxern, die Ihren Charakterfehler gut kaschieren. Leider funktioniert der Mittenversatz nicht im gesamten Drehzahlbereich, weswegen man allzu oft im Leerlauf heftig klappernde Ruder beobachten kann.

Ich bin ein Fan von ruhig laufenden Reihenmotoren, die für jeden Zylinder ein separates Motorgehäuse haben und deshalb in Bezug auf die Zylinderfüllung eindeutig kontrolliert werden können. Ein Vergaser an jeden Zylinder und ein gutes „Ohr“ beim Vergasereinstellen bringen sehr schnell ein positives Ergebnis.

Abb. 287

Manchmal glaubt man ja, eine gute Idee zu haben. Also warum nicht auch beim Boxer beide Zylinder separat mit je einem Vergaser zu füllen und zu versuchen, die „Gemeinsamkeit“ des Motorgehäuses mit relativ dicht laufenden Kurbelwangen zu trennen. Dafür eignen sich von der Konstruktion her am besten Zylinder mit Kolbensteuerung.

Abb. 288

Abb. 289
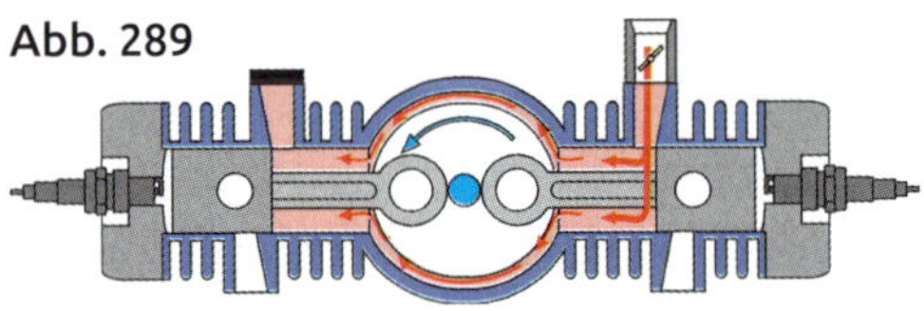

Und da mein Sohn unbedingt einen Boxermotor brauchte und auch die Teile dafür machen wollte, blieb für mich zum Glück nur übrig, die Zeichnungen zu machen.

60 cm³ Zylinder/Kolben und Kurbelwelle wurden dazu gekauft, der Rest fertigte mein Sohn dazu. Wie man sieht, legt er besonderen Wert auf Optik, deshalb die rote Eloxierung.

Es war schon etwas Aufwand, die beiden Bing-Vergaser anzulenken, zumal durch ihre Einbauposition die Hebel auch noch gegenläufig waren. Als Zündung kam eine Aeroflug-Zündung zum Einsatz, da wir nach vielen Müllerzündungen einmal ein anderes Konzept testen wollten. Hat übrigens super funktioniert!

Abb. 290

Die beiden Vergaser hatten einen Venturidurchmesser von ca. 20 mm und sollten eigentlich für 120 cm³ völlig reichen. Der Motor brachte eine vielversprechende Leistung, immerhin 5.700 1/min mit einem 29×12-Holzpropeller. Allerdings hatten wir keinen vernünftigen Übergang von Leerlauf in Vollgas und die Einstellerei der beiden Vergaser war nicht unabhängig voneinander. Es war offensichtlich so, dass man einen Vergaser zudrehen konnte und der Motor nur noch aus dem anderen versorgt wurde. Also was lag näher, als gleich einen Vergaser wegzulassen? Motto: Was interessiert mich meine tolle Idee von gestern!

Das Ergebnis war fast nicht zu glauben. Der Motor hatte einen tollen Leerlauf und einen genauso tollen Übergang von Leerlauf zu Vollgas. Wenn man sich den Spülvorgang im Motor einmal genauer vorstellt, ist die Geschichte schon wieder glaubhaft. Das Frischgas kommt über den einzelnen Vergaser über den eigentlich benachteiligten Zylinder (siehe oben) ins gemeinsame Kurbelgehäuse und erst danach über die Überströmkanäle in die beiden Zylinder. Dabei wird der benachteiligte Zylinder offensichtlich besser gefüllt. Allerdings muss jetzt das volle Frischgasvolumen für beide Zylinder durch nur noch einen Vergaser mit 20 mm Venturi-Durchmesser. Ergebnis, tolles Laufverhalten, aber statt 5.700 1/min nur noch 5.400 1/min. Da musste wieder mehr Vergaserquerschnitt geschaffen werden. Allerdings sah der einseitige Vergaser derart abenteuerlich aus, dass der größere über eine Brücke wieder mittig montiert werden sollte. Die entstand aus zwei Ansaugbögen von Dieter Scheuber und einem gefrästen Kunststoffblock.

Zuerst wurde wieder der 20 mm Bing-Vergaser montiert. Das Laufverhalten war tadellos, nur fehlten wieder die 300 Umdrehungen. Es war somit bewiesen, dass auch der größere Ansaugkanal über die Vergaser-

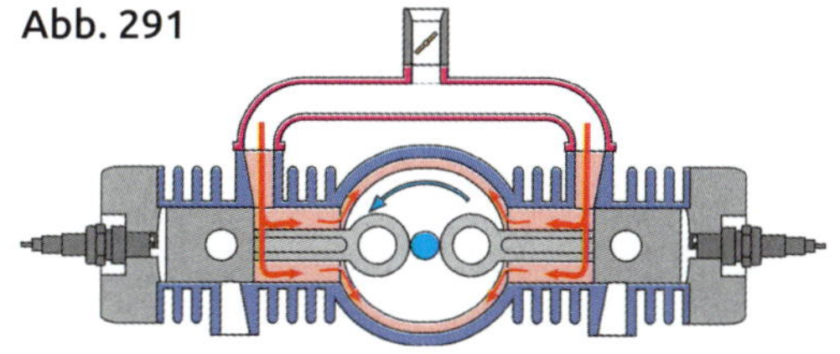

Abb. 291

brücke mit dem kleinen Vergaser nicht ausreichte. Das änderte sich sofort, als wir einen „dicken“ Vergaser mit 46 mm Lochabstand in die Mitte bauten.

Die Leistung war wieder da und auch der Leerlauf war akzeptabel. Leider zeigte sich ein anderes gravierendes Problem. Durch die horizontale Lage des Vergasers ist die Regelmembran lageempfindlich. Bei niedrigen Drehzahlen starb der Motor jedes Mal ab, wenn aus der Rückenlage das Modell wieder in Normallage zurück gedreht wurde. Dieses Phänomen taucht schon mal dann auf, wenn einmal der Vergaser recht groß ist, also auch eine große („schwere“) Regelmembran hat und die Einbaulage der Membran sich beim Kunstflug schlagartig verändert. Der Vergaser sollte also senkrecht aufgebaut werden, wobei die Membran wegen der Lageempfindlichkeit in Flugrichtung oder gegen die Flugrichtung zeigen sollte. Das war aber nur mit einem Umbau auf Flatterventilsteuerung möglich, da wegen der Bauhöhe der gewaltigen Vergaserbrücke das System nicht mehr unter die Motorgaube gepasst hätte.

Also haben wir den großen Vergaser auf ein etwas aus der Mitte verlegtes Flatterventil gesetzt, um den benachteiligten Zylinder zu unterstützen (siehe oben).

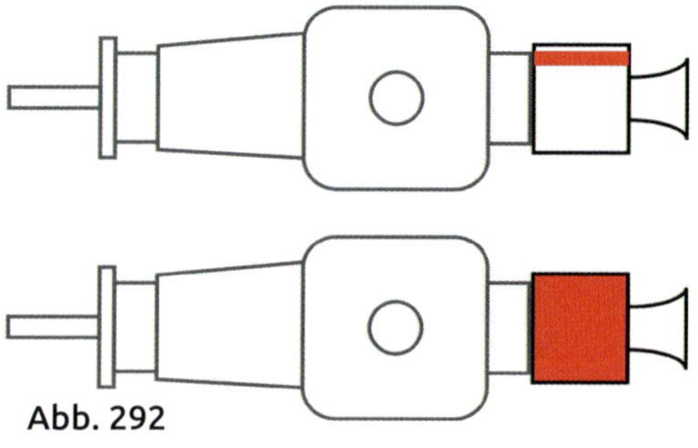

Abb. 292

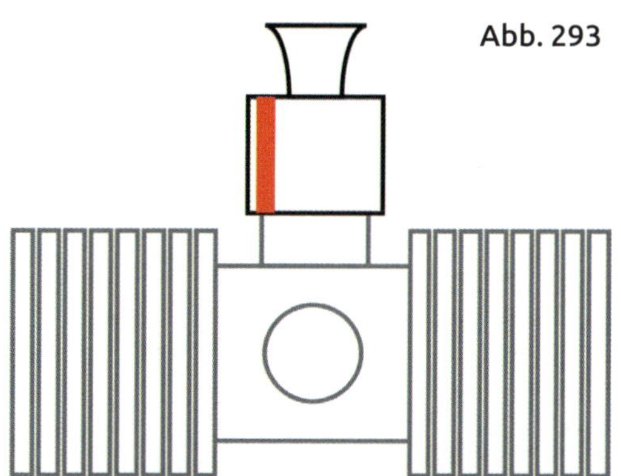

Abb. 293

Abb. 294

So ein Flatterventil bringt immer etwas mehr Leistung, als die von mir so geliebte, weil wartungsfreie, Kolbensteuerung. Mithin wurde der kleinere 20 mm Vergaser montiert. Das war die Lösung! Auf Anhieb waren nicht nur die vermissten 300 Umdrehungen wieder da. Nach genauem Einregeln der beiden Vergasernadeln waren es auf einmal statt der gewünschten 5.700 1/min sogar 5.900 1/min. Der Boxer zeigte dabei ein sauberes Laufverhalten, auch jede Lageempfindlichkeit war völlig verschwunden.

Was war da noch von meiner so tollen Grundidee geblieben? Nichts, aber jede Menge Erfahrung hat´s gebracht!

Bequemlichkeit ist keine Schande!

Als unsere Autos gerade erfunden waren, war es selbstverständlich, dass man deren Motoren mit einer Handkurbel anwarf. Das mag auch schon mal zu einem verstauchten Handgelenk geführt haben. Heute wäre so etwas undenkbar. Man steigt in seinen PKW, dreht den Schlüssel und der Motor startet in Sekunden.

Bei unseren Modellmotoren haben wir heute noch die Situation, wie anfangs bei den Autos. Man wirft seinen Benziner von Hand an. Die Finger werden mittels eines dicken Lederhandschuhs geschützt, aber manch einer hat auch schon einmal schmerzhaft „einen drauf bekommen"! Dass es auch anders geht, haben uns unsere Kollegen von der Motorseglergilde schon lange vorgemacht. Da wird der ZG26 mit einem Bordanlasser von FEMA gestartet, ganz bequem über einen Schalter am Sender. In letzter Zeit tauchen auch immer mehr kommerzielle Bordanlasser für anderen, dickere Motoren auf dem Modellbaumarkt auf, leider noch nicht für alle Motoren. Ein typisches Beispiel ist der gut funktionierende, nachrüstbare Bordanlasser für den 50er Gaui 4-Takter.

Aber man kann ja auch was selbst bauen.

Zuvor ein paar grundsätzliche Gedanken. Ein Bordanlasser wiegt was. Wer also einen superleichten Flieger haben möchte und trotzdem seinen Motor nicht von Hand starten möchte, der sollte das Kapitel über den

Abb. 295

Abb. 296

externen Anlasser lesen. Das Mehrgewicht eines Bordanlassers inklusive der Steuerung und des nötigen Akkus liegt je nach Motorgröße zwischen 600 und 1.000 Gramm.

Und wenn sich das Modell ohne den Anlasser schon Richtung 25 kg bewegt, dann sollte man auch hier lieber das erwähnte Kapitel lesen.

Welche Leistung und welche Drehzahl sollte ein Bordanlasser haben? Die Bauvorschläge im Folgenden beziehen sich auf einen 100 cm^3 bzw. 180 cm^3 Zweizylinder-Reihenmotor. Das heißt also Zylindergrößen von 50 cm^3 bzw. 90 cm^3. Das deckt schon eine Menge von Motorgrößen ab.

Es gibt leider keine Literatur über die richtige Auslegung so eines Starters, also nehme ich die Leistung und die Drehzahl meines „Nothelfers" an meinem Leistungsprüfstand in meinem Keller als Basis. Ich habe mir aus einer 30,- € Baumarkt-Bohrmaschine einen netzgebundenen Anlasser gebastelt, der immer dann zum Einsatz kommt, wenn ein schwieriger Fall sich partout weigert zu laufen.

Seine 500 Watt und eine Abtriebsdrehzahl von 900 1/min haben bisher jeden Motor zu Laufen gebracht. Da ich auch schon 170er-Boxer damit gestartet hatte, lag meine Schätzung für den kleineren Reihenmotor bei 300 Watt. Also bin ich während einer Dortmunder Messe zu einem bekannten Getriebe-Hersteller für E-Antriebe gegangen und habe ihn nach einem Getriebe mit passendem Brushless-Motor für meinen geplanten Bordanlasser gebeten. Er gab mir zwei unvergessliche Kommentare: Warum ich denn unbedingt den Umweg über Bordanlasser und Verbrenner gehen wolle? Es sei doch viel einfacher, gleich einen richtig dimensionierten E-Antrieb zu nehmen, der ja prinzipiell immer von selbst startet. Aber wenn ich schon in Nostalgie machen wolle, dann bitte nicht mit einem Brushless-Motor als Starter, sondern mit einem Bürstenmotor, da die BL-Motore schlecht anlaufen, wenn die Last schon bei Drehzahl Null voll anliegt.

Ich habe seinen ersten Vorschlag, nur elektrisch zu arbeiten, höflich überhört und bin nach dem Kauf eines 1:3,5-Planetengetriebes mit leise gemurmelten, bissigen Kommentaren weitergegangen.

Wer also den Selbstbau eines Bordanlassers plant, sollte unter keinen Umständen seinen Keller-Motor, seinen Plettenberg/Graupner oder ähnlich potente Bürstenantriebe bei eBay verschenken, sondern gut konserviert lagern.

Ich greife mal etwas vor. Die superstarken Bürstenmotoren unserer Rennautokollegen funktionieren hervorragend, wenn man sie leicht überlastet, was wegen der kurzen Einschaltzeit problemlos geht. Ich hatte aber

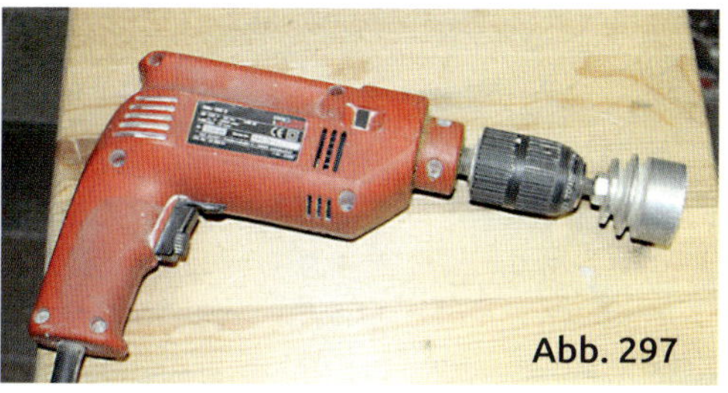
Abb. 297

Abb. 298

Abb. 299

Abb. 301

noch einen Keller 40/8 im Fundus. Recycling war also angesagt.

Was ist noch zusätzlich nötig? Als Erstes sollte der Verbrenner natürlich überhaupt die Gelegenheit bieten, einen Starter anbauen zu können. Ich beschränke mich mithin hier auf die Motoren, die hinten ein freies Zapfenende aus dem Gehäuse rausschauen lassen.

Ich habe dem 1:3,5 Planetengetriebe auf dem Keller 40/8 noch einen Zahnriementrieb im Verhältnis 1:5,2 folgen lassen, das ergibt eine Gesamtuntersetzung von 1:18,2. Man kann natürlich auch mit einem zweistufigen Zahnriemengetriebe arbeiten. Riemenscheiben und die passenden Zahnriemen findet man z.B. bei Conrad und bei GHW-Modellbauversand. Ich habe bei dem 100-cm³-Motor einen Zahnriemen Typ XL 1/5" mit 9,5 mm Breite und einer Zahnteilung von ca. 5 mm genommen. Das hat zwar gut funktioniert, etwas breiter wäre aber besser gewesen.

Abb. 300

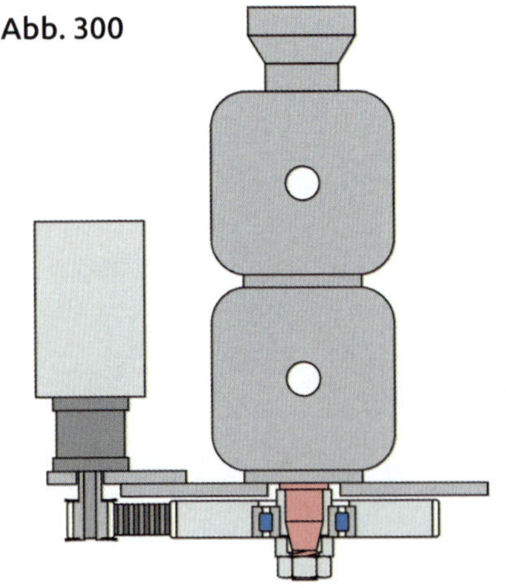

Da der Bordanlasser nicht dauernd mitlaufen soll, muss über einen Freilauf als Überholkupplung das Ganze vom Motor getrennt sein, wenn er dann angesprungen ist.

Es gibt die tollsten Varianten an Freiläufen, wir können aber nur die gebrauchen, die wie ein normales Kugellager sich selbst führen. Ich habe einen Freilauf der Firma Ringspann genommen mit Typenbezeichnung ZZ 6202. ZZ bedeutet staubdicht, der Zahlencode 6202 beschreibt die Abmessungen, die maßlich identisch sind wie ein normales 6202er Kugellager. Am besten geht man zu einem größeren Kugellagerhändler, wie sie in jeder größeren Stadt zu finden sind. Ebay kann aber auch helfen. Der Freilauf wird in das große Riemenrad eingebaut, hoffentlich so, dass der Motor auch in der richtigen Drehrichtung gestartet wird. Da die hinteren Zapfen an den Motoren nie zu dem Freilauf passen, ist meist eine Zwischenbüchse für den Freilauf nötig. Eine Passfeder zur Übertragung der Starterleistung ist völlig unnötig, ein guter Klemmsitz reicht aus.

Abb. 302

Abb. 303

Damit der eigenstartfähige Benziner nicht zu schwer wird, sollte man die Riemenscheiben so weit als möglich durch Bohrungen erleichtern.

Ich habe den Keller mit seinem Getriebe auf eine kleine separate Aluplatte geschraubt, die über ein Langloch zum Riemenspannen dient.

Wichtig ist, dass der Zahnriemen am kleinen Ritzel die größtmögliche Umschlingung hat, da er sonst unter Last einfach aus den Zähnen springen würde. Also wurde ein zusätzliches Umlenkrädchen integriert, wodurch beide Riemenräder die maximale Umschlingung bekamen.

Die Mechanik wäre damit erledigt. Wenn der Startermotor genügend Leistung hat, sollte man ihn mit einem Flugregler einschalten. Das hat einmal den Vorteil, dass der Regler direkt vom Empfänger ein und ausgeschaltet werden kann und zweitens, dass ein harter Anlaufschlag durch den Sanftanlauf des Reglers vermieden wird. Wenn der Startermotor leistungsmäßig knapp ausgelegt ist, muss man leider auf den Luxus des sanften Anlaufs verzichten und den Motor per Relais schalten. Der Flugregler nimmt deutlich Leistung weg.

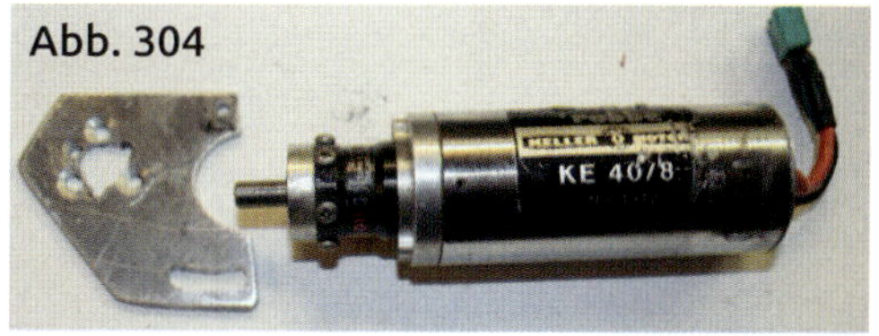

Abb. 304

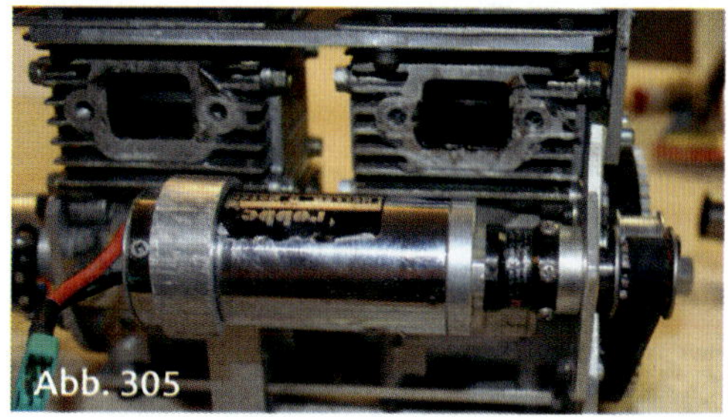
Abb. 305

Ich habe mir diese Funktion auf einen Schalter meines Senders gelegt.

Wenn der Verbrenner eine Magnetzündung hat, dann ist es ratsam mit einem kleinen Schalter, der von einem Servo betätigt wird, den Motor abschaltbar zu machen (Abb. 306). Das ist ganz einfach. Über den Schalter wird der offene Steckkontakt an der Zündspule mit der Motormasse verbunden. Dadurch bricht die Zündspannung sofort zusammen und der Motor stoppt.

Wenn der Motor aber eine elektronische Zündung hat, brauchen wir zusätzlich einen fernsteuerbaren Schalter für die Zündspannung. Dafür gibt es mehrere Alternativen. Ich habe die zwei von mir praktisch erprobten in der Zeichnung dargestellt. Dabei bin ich davon ausgegangen, neben dem dicken Akku für den Startermotor, nicht auch noch einen Akku für die Zündung mitschleppen zu müssen. Die Zündbox wird wahrscheinlich in den meisten Fällen nicht mehr als 5-6 Volt bekommen.

Wer löten kann, sollte sich den passenden Spannungsregler selbst bauen. Die Teile sind preiswert und ohne tiefe Elektronikkenntnisse zusammenlötbar. Ich habe dazu einen kleinen Streifen einer vorgelochten Experimentierplatte genommen. Die gibt es in Pertinax und in GFK. GFK war meine Wahl. Wer keinen Elektronikshop in der Stadt hat, kann alles auch Conrad bestellen.

Zum Einschalten der Zündspannung auf den 5-Volt-Regler habe ich den tollen Zünd-

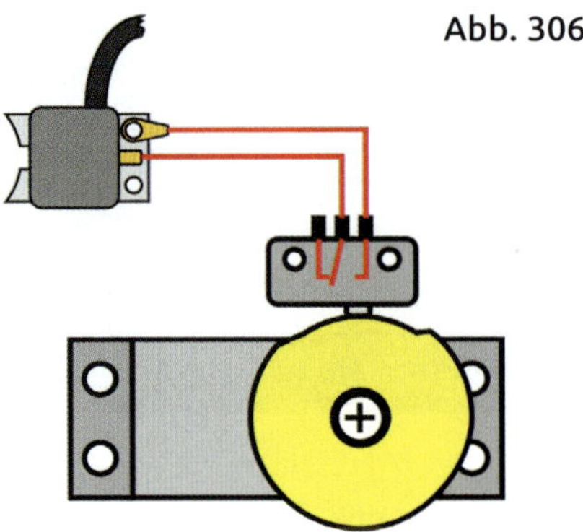
Abb. 306

bei diesem Schalter die Stromversorgung auf 2-zellige Lipos begrenzt werden.

Was jetzt noch fehlt, ist ein Servo für den Choke. Ich habe die Chokefunktion auf einen Schieber am Sender gelegt, damit auch Zwischenstellungen möglich sind. Hier muss ich vor einer eigenen Empfehlung warnen, die ich beim Thema Vergaser gegeben habe. Ich hatte geraten, das kleine Luftloch in der Chokeklappe zwecks besseren Ansaugens zu verschließen. Das ist eine gute Empfehlung beim Handanwerfen, aber falsch, wenn ein elektrischer Anlasser benutzt wird. Bei der deutlich höheren Anwerfdrehzahl kommt es bei zugelötetem Loch allzu leicht zum „Absaufen" des Motors.

Wie läuft der Anlassvorgang ab? Das Drosselservo steht auf etwas erhöhtem Leerlauf. Der Choke ist geschlossen. Die Zündung wird eingeschaltet und der Anlasser betätigt. Nach kurzer Zeit lässt der Motor die ersten „Töne" hören. Jetzt sofort den Anlassvorgang unterbrechen und die Chokeklap-

schalter von SM-Modellbau genommen. In meinem Fall war es die Version II, mittlerweile gibt es schon die Version III. Den Unterschied kenne ich nicht, aber alle Eigenschaften der Version II werden ja wohl noch vorhanden sein.

Es gibt aber auch noch eine sehr komfortable Methode mit einem fernsteuerbaren Zündschalter von Emcotec/iRC Electronic. Der angegebene Typ hat bereits einen Spannungsregler integriert! Allerdings sollte

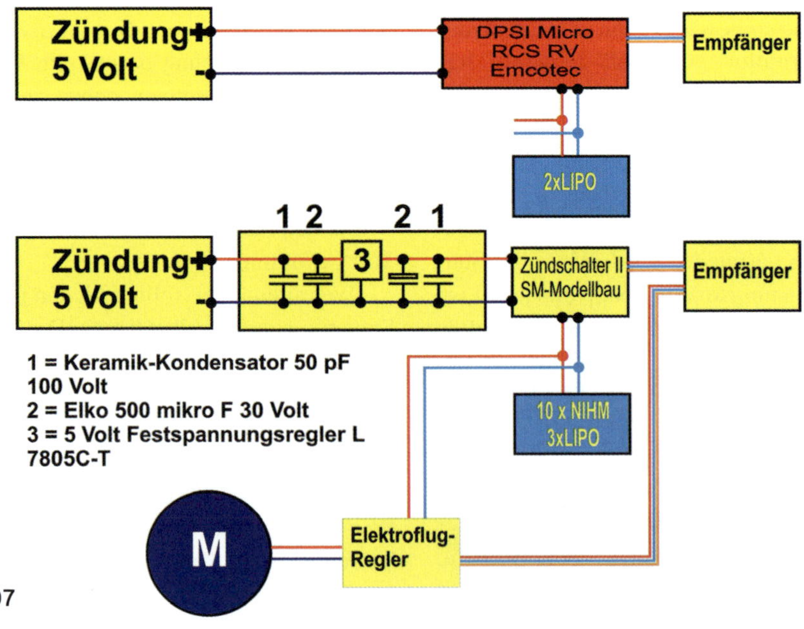

Abb. 307

pe öffnen. Wird danach der Anlasser wieder eingeschaltet, springt der Motor in den meisten Fällen zuverlässig an. Bei meinem Zweizylinder war die installierte Starterleistung offensichtlich überaus reichlich, etwas weniger hätte auch gereicht. Aber warum einen Kleineren suchen, wenn der potente Keller eh sonst nichts mehr zu tun hat?!

Klar! So ein Bordanlasser ist absolut nicht notwendig, aber es ist schon eine Show, wenn man am Start mit stehendem Motor wartet und dann ganz lässig vom Sender aus seinen Motor anwirft und das Modell rollen lässt.

Bei dem Bordanlasser für den 180-cm³-Reihenmotor bin ich etwas anders vorgegangen. Da das kostenmäßig der günstigere Weg war, ist er für einen Nachbauer vielleicht auch interessant.

Das Zahnriemengetriebe mit dem Freilauf im großen Rad ist prinzipiell geblieben, nur in der Dimensionierung etwas angepasst worden.

Auf den hinteren Stumpf der Kurbelwelle kam ein Freilauf mit einem 60-Zähne-Riemenrad. Der Zahnriemen hat eine Breite von 15 mm und eine Zahnteilung von 5 mm. Damit er nicht durch Drehmomentschläge sofort zerstört wird, habe ich eine Spannrolle für die größtmögliche Umschlingung vorgesehen. Die Spannrolle besteht einfach aus

Abb. 308

Abb. 310

Abb. 309
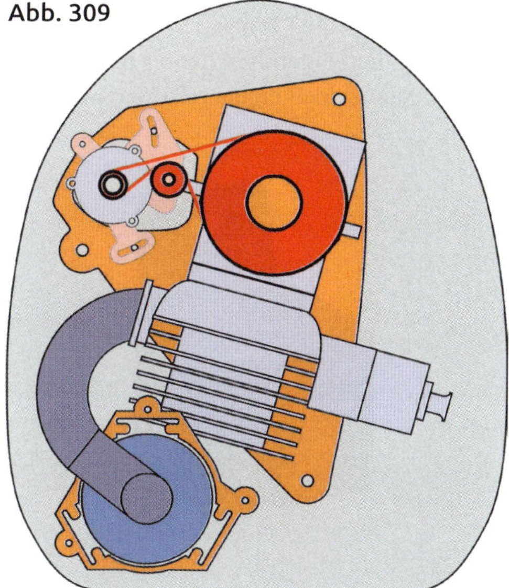

Abb. 311

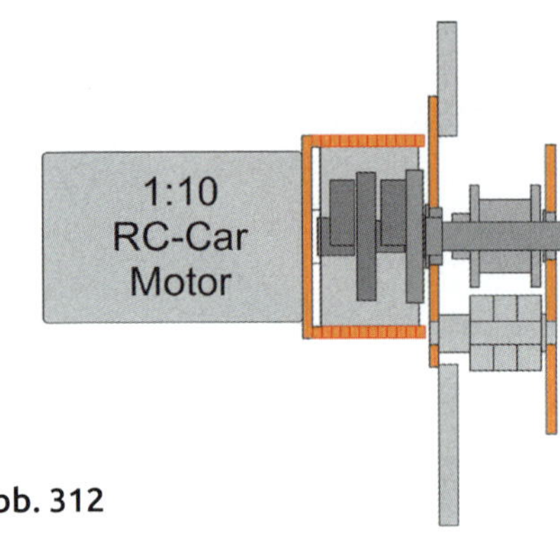

Abb. 312

Abb. 314

drei kleinen Kugellagern, die nebeneinander auf einer gemeinsamen Welle sitzen. Auf der anderen Seite des Riemens befindet sich ein kleines Zahnriemenrad mit 12 Zähnen. An der zweiten Untersetzungsstufe habe ich mir fast die Zähne ausgebissen. Alles, was ich probiert habe, starb sofort, wenn ich gegen die volle Kompression anlassen wollte. Da fiel mir eine bereits ausgemusterte Akkubohrmaschine in die Hand, in der ein Doppelplanetengetriebe für die Drehmomentübertragung zuständig war. Dieses Getriebe macht so allerhand mit. Nach einem ersten Einsatzfall, bei dem ich das Original-Getriebegehäuse an den Keller 40/8 gekoppelt hatte, habe ich beim nächsten Motor selbst ein Gehäuse aus GFK gefertigt. Dafür wurden mehrere Lagen GFK-Plattenmaterial aufeinander geklebt, wie immer mit UHU Plus Endfest 300 und im Backofen ausgehärtet.

Als Antriebsmotor kam ein Tuningmotor aus der 1:10-Car-Szene zum Einsatz. Das sind Bürstenmotoren in einem 540er-Gehäuse, aber mit stabilen externen Bürsten. Die Dinger können eine Menge ab. Der, den ich verwendet habe, bringt bei 7,4 Volt 140 Watt. Ich versorge ihn aber mit einem 3-Zellen-Lipo, was bisher nach einigen 100 Startvorgängen ohne böse Folgen blieb. Die Einschaltdauer ist ja nur recht kurz.

Eingeschaltet wird über ein 70-A-Trennrelais aus dem Wohnwagenzubehör. Das Relais selbst bekam einen dieser preiswerten Killswitches vorgeschaltet. Jetzt gibt es keinen Spannungsabfall mehr und der Bordanlasser verübt seinen Job ganz perfekt.

Das sollten eigentlich genug Informationen sein, um seinen eigenen Bordanlasser zu bauen.

Abb. 313

Abb. 315

Externer Elektroanlasser

Der neuseeländische Fotograf James Fahey ist ein eifriger Besucher von Oldtimer Flugtagen und hat ein paar tolle Fotos von einem WW1-Warbird-Doppeldecker geschossen, die wunderbar zeigen, dass nicht nur die Modellflieger „basteln" können.

Da war es doch jemand überdrüssig (zu faul), den Motor des Doppeldeckers mühsam von Hand anzuwerfen und hat sich – stilgerecht – auf dem Fahrgestell eines Ford T-Modells einen externen Anlasser gebaut. Zwar etwas abenteuerlich, aber eine tolle Idee!

Da ich von Natur aus auch ein fauler Mensch bin, habe ich bei meinen Modellen bzw. Motoren in den meisten Fällen einen Bordanlasser in Verwendung. Zumindest habe ich immer einen superkräftigen Elektroanlasser dabei, den ich mir vor vielen Jahren aus einem Motoranlasser gebastelt habe. Den habe ich auch schon oft an verzweifelte Flugtagteilnehmer verliehen, bei denen mal wieder in der Hektik der Motor abgesoffen war. So ein elektrischer Helfer ist seit Jahrzehnten der sogenannte Kavanstarter, der allerdings wegen seiner Größe nur bei Motoren etwa bis 15 cm³ Hubraum einsetzbar ist.

Das Prinzip dieses Starters ist aber auch stimmig für größere Aufgaben. Ein kräftiger Bürstenmotor wird mit einem noch kräftigeren Getriebe gekoppelt. Auf die Abtriebswelle kommt ein Drehteil, in das eine Gummihülse stramm eingepresst wird.

Klar, kennt jeder. Im Prinzip so aufgebaute Starter aus chinesischer Fertigung für die größeren Benziner werden z.B. über Engel Modelltechnik vertrieben. Da gibt es ein-

Abb. 316

Abb. 317

Abb. 318

Abb. 319

mal einen, der so etwa bis 80 cm^3 Hubraum funktioniert und einen ganz potenten, der alles was im Modell als Motor verwendet wird starten kann.

Beide Starter funktionieren prima, man muss nur immer einen separaten Akku mitschleppen.

Wenn man sich die beiden Starter genauer ansieht, findet man als Antriebsmotor bei dem einen den typischen Anlasser aus den chinesischen 125 cm^3 4-Taktrollern oder Quads, bei dem zweiten ist es ein Getriebeanlasser aus einer dicken Suzuki oder einem ähnliche Motorrad. Wer öfter mal bei eBay surft, wird diese Anlasser dort sofort wiederfinden.

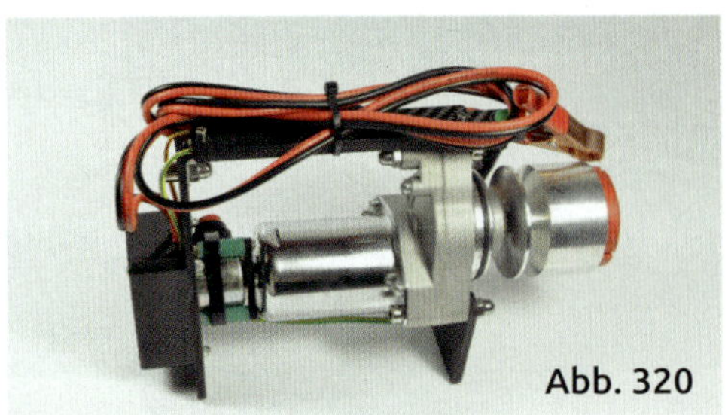

Abb. 320

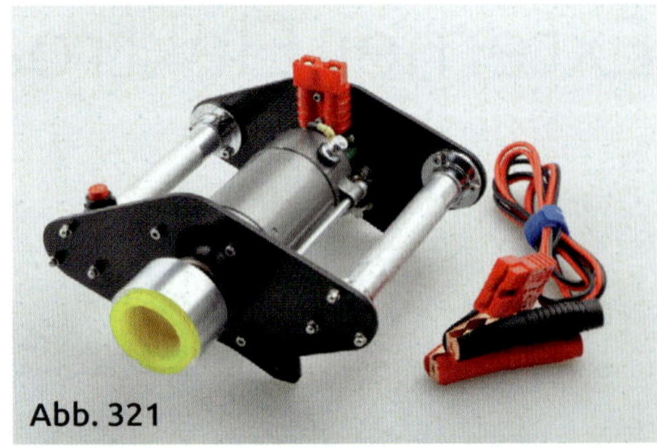

Abb. 321

Abb. 322

Wie schon gesagt, ist immer ein entsprechend potenter Akku zusätzlich nötig, also mitzunehmen.

Ich habe für meinen „Dicken“ einen Gelakku, der mir im Laufe der Jahre immer schwerer wird und den ich leider auch schon mal vergessen habe. Da liegt doch der Gedanke nahe – wie bei kleineren Startern schon oft gesehen – auch bei so dicken Boliden einen leichten Lipo einzusetzen. 12 Volt, also drei Lipozellen und Ströme zwischen 30 und vielleicht 70 Ampere sind doch für so einen Akku kein Problem.

Also habe ich mich nach einer „tragbaren“ Anlasserlösung mit angebauter Stromversorgung umgesehen. Da würde sich der kleinere Chinastarter von Modelltechnik Engel gut machen. Aber nur mit einem fest angebauten Lipo! Es war dann nur ein kleiner Schritt, nicht nur einen Akkuhalter für den Starter zu bauen, sondern das komplette Teil selbst anzugehen.

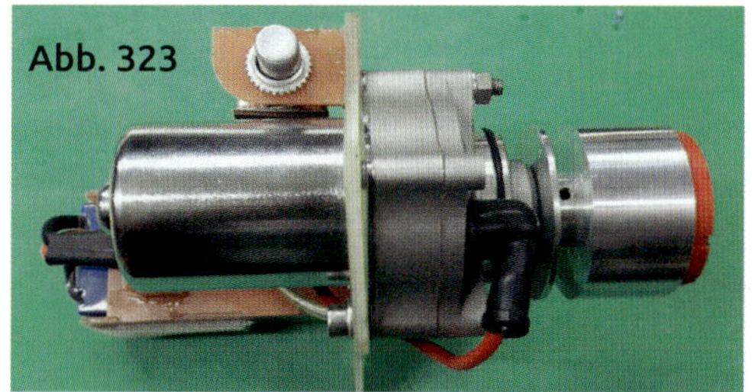
Abb. 323

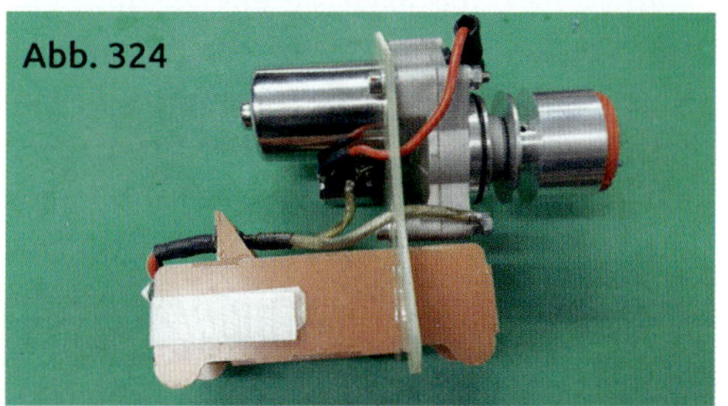
Abb. 324

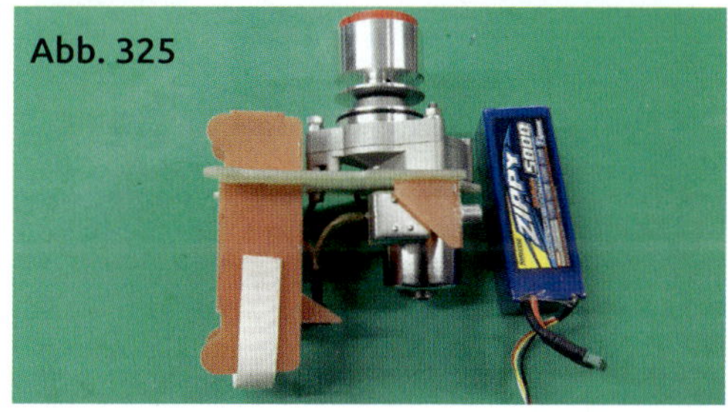
Abb. 325

Ein Anlasser aus den chinesischen 125 cm³ 4-Taktrollern war bei eBay schnell gekauft und zum sofortigen Test wurde aus einer Aluscheibe mit einem darüber geschobenen Rest einer 50er-Flächensteckung eine passende Mitnehmerglocke gemacht. Darin kam eine Muffe aus dem Sanitärhandel. Nach erfolgreichem Test-Starten kam dann die endgültige Lösung.

Der Anlassermotor wurde mit seinem Getriebe an eine 4 mm dicke GFK-Platte geschraubt, daran wurde ein Akkukasten geklebt, in dem per Klettband ein 3-zelliger 5 Ah Lipo fixiert ist. Da reicht selbst einer mit nur 20facher Stromabnahme völlig aus. Ich habe allerdings einen mit einer Hartschale gewählt. Dazu kommt ein Drucktaster

Abb. 326

aus dem Autozubehör, der mindestens 30 A schalten kann.

Angeschlossen wird der Akku über einen dieser universell einsetzbaren grünen MPX-Steckverbindungen, die mit den 2×3 Pins den geforderten Strom locker bewältigen können.

Wer es statt mit dem etwas klobigen Auto-Drucktaster etwas eleganter haben möchte, kann über einen kleineren Drucktaster ein 70-A-Trennrelais aus dem Wohnwagenzubehör nach der Schaltung in Bild 329 ansteuern.

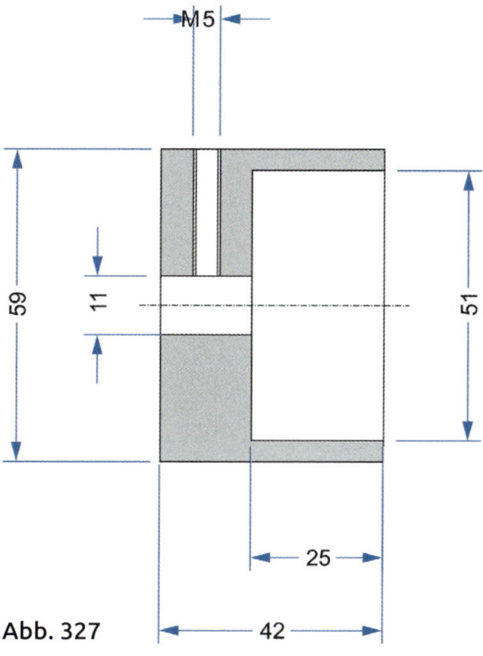

Abb. 327

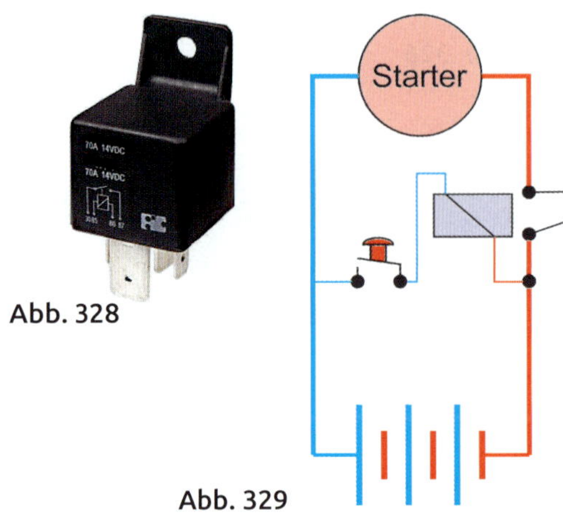

Abb. 328

Abb. 329

Besitzer einer Drehmaschine können sich die Aluglocke für den Anlasser selbst herstellen, siehe Skizze 327. Faule Leute, so wie ich, kaufen sich alternativ die Glocke und den passenden Gummi bei Modelltechnik Engel.

Jetzt fehlen nur noch die Frästeile für die „Karosserie“. Ich habe sie aus 2,2 mm und 4 mm dickem GFK-Plattenmaterial gefräst. Es geht natürlich auch mit 2 mm bzw. 4 mm dickem Birkensperrholz. Die Fräsdateien sind wie immer in der FMT CAD Bibliothek unter www.vth.de zu finden. Mittlerweile ist dieser Starter mehrfach nachgebaut worden und kann zusammen mit der Relaisschaltung mit bis zu fünf Lipo-Zellen belastet werden.

Abb. 330

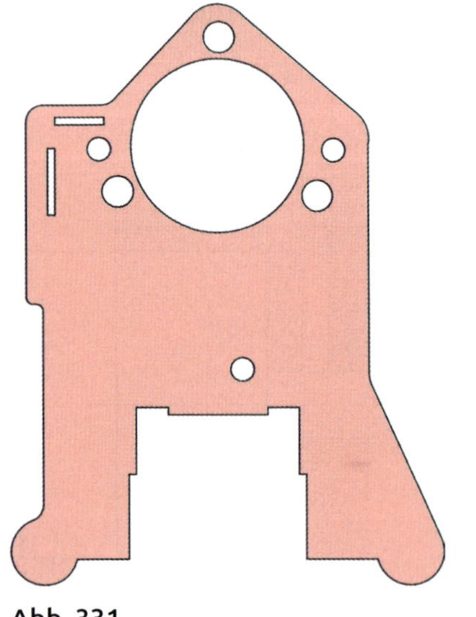

Abb. 331

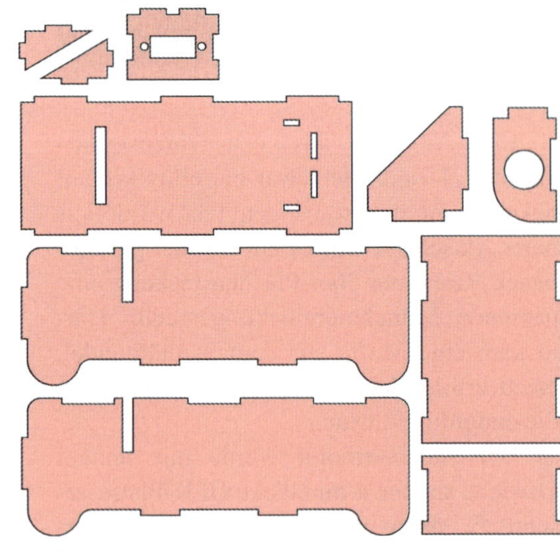

Abb. 332

Konservieren und Reinigen

Leider zwingt uns unser Klima, die intensive Fliegerei zumindest in den kalten Wintertagen einmal ruhen zu lassen. Da kommt dann sehr schnell die Frage auf, ob wir den gut laufenden Benziner in der ungenutzten Zeit irgendwie konservieren müssen.

Wer Methanolmotore betreibt oder betrieben hat, kennt das Thema Rost im Motor bestimmt aus eigener schlechter Erfahrung. Bei der Verbrennung entsteht im Methanoler in Verbindung mit den dort verwendeten synthetischen Ölen ein aggressiver saurer Rückstand, der beim längeren Verbleib im Motor, ohne durch frisches Gemisch abtransportiert zu werden, zu dem üblen Rost an den Stahlteilen führt. Hier hilft eine reichliche Einspritzung von frischem Öl, die Schäden zu vermeiden.

Beim Benziner gibt es zum Glück diese sauren Rückstände nicht.

Ich benutze eine Spritmischung aus Aral Ultimate 102 Superbenzin mit dem Öl Motul 800 Off Road Factory-Line im Verhältnis 1:30. Dazu gebe ich noch auf 5 Liter Sprit 20 cm² Injectioncleaner.So geschmiert kann ich mit ruhigem Gewissen am Ende der Saison mein Modell selbst in eine kalte, klamme Garage stellen und habe im Frühjahr weder Rostschäden noch irgendwelche anderen Motorprobleme.

Ein gut geschmierter Benziner hat hinreichend Restöl im Motor und bedarf keiner weiteren Konservierung.

Ein neuer Motor sollte eigentlich von Hersteller hinreichend geölt geliefert werden. Leider habe ich aber auch schon mal recht trockene Exemplare in der Hand gehalten. Es kann also kein Fehler sein, seine Lieblinge mit etwas Frischöl für ein langes Leben prophylaktisch zu konservieren. Wie? Kerze raus und Vergaser auf Vollgas. Dann ein paar Tropfen Öl ins Kerzenloch und in den Vergaser tröpfeln. Danach den Motor einige Male durchdrehen und die Kerze wieder reinschrauben. Wenn man den Motor irgendwann in Betrieb nimmt, sollte man etwas Treibstoffgemisch auf dieselbe Art rein geben und solange schnell durchdrehen, bis aus dem Kerzenloch keine Tropfen mehr rauskommen. Es könnte sonst passieren, dass das reichliche Konservierungsöl Probleme beim Anlassen macht.

Wenn wir übers Konservieren reden, sind wir auch schnell beim Reinigen. Da möchte ich mit etwas ganz Hartem anfangen. Ein

Abb. 333

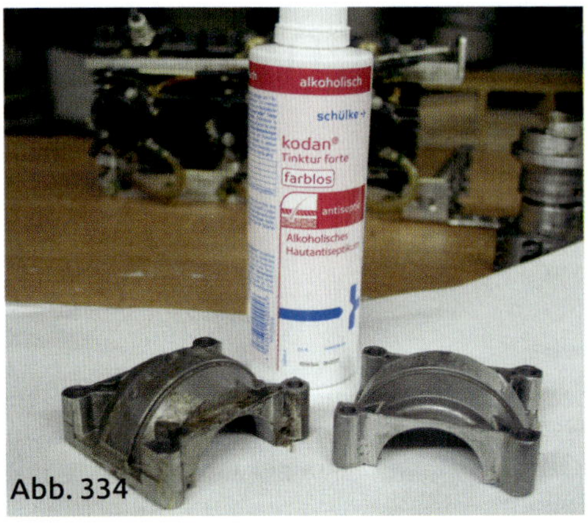

Abb. 334

Abb. 335

Motor sitzt total fest. Ein typisches Rizinusopfer ist der kleine Cox-Motor in meinem Beispiel, bei dem das verwendete Rizinusöl im Laufe der Lagerung zum harten Gummi geworden ist.

Die Verkrustungen bzw. Verbrennungsrückstände, die durch den Betrieb mit Rizinus entstanden sind, kann man wie folgt beseitigen: Zuerst einmal wird alles was möglich ist demontiert. Kerze, Tank usw. Nicht versuchen, die Kurbelwelle mit Gewalt zu drehen. Dann den Motor in einer mit Spülmaschinen-Tabs versetzten Wasserlösung legen und das Ganze einige Minuten in einem Topf aufkochen lassen. Anschließend den Motor unter warmem Wasser gut ausspülen und nach dem Trocknen einzuölen. Ein Kriechöl oder Ballistol ist hierfür gut verwendbar. Wenn jetzt die Kurbelwelle mit leichtem Nachdruck drehbar ist, sollte der Rest des Motors auch noch komplett demontiert werden. Damit kommt man auch an die verbliebenen „Klebestellen" ran. Statt Spülmaschinen-Tabs funktionieren auch die Tabs zur Gebissreinigung ganz gut.

Der Nachteil bei dieser Methode ist, dass der Glanz, den das Motorengehäuse ursprünglich hatte, wahrscheinlich verloren ist.

Eine sanftere Methode ist Einlegen in Petroleum oder Waschbenzin über mehrere Tage und mit viel Geduld und Arbeit mit einem Putzlappen.

Jetzt betreiben wir die Benziner zum Glück nicht mit Rizinusöl, sodass dabei diese gummiartigen Ölverkrustungen eigentlich nicht vorkommen. Aber äußerlichen Schmutz gibt es genügend zu beseitigen.

Hier hilft ein Mittel aus der Apotheke oder Drogerie ungemein. Es heißt „KODAN Tinktur forte" und ist eine Alkoholmischung zum Desinfizieren der Haut. Die schmutzigen Ablagerungen zum Beispiel auf den beiden Gehäusedeckeln im Foto 334 werden weich und können mit einer Zahnbüste oder einem Stoffstreifen sauber entfernt werden (rechts im Bild). Auch z.B. bei Kühlrippen geht es mit einer Zahnbürste ganz prima. Man muss das Mittel länger einwirken lassen und nach dem reichlichen Einsprühen den Motor in eine Plastiktüte luftdicht einpacken. Dadurch wird verhindert, dass der Alkohol zu schnell verdunstet und seine aufweichende Wirkung verliert.

Selbst solche tief eingebrannten Rückstände auf einem Kolben bekommt man damit runter. Da muss man allerdings auch etwas mechanisch nachhelfen. Ich nehme dazu die vielseitig einsetzbaren Kaffeerührstäbchen von dem Hamburgerrestaurant mit dem großen „M". Ölkohle gut mit KODAN einnässen und mit dem Rührstäbchen so nach und nach die weich gewordene Schicht abschaben.

Auf jeden Fall muss nach einer Reinigung alles wieder gut eingeölt werden.

Etwas mehr Ruhe bitte!

Man kann wohl mit Fug und Recht sagen, dass seit vielen Jahren die ZG-Motoren von Toni Clark einen gewissen Standard auf den Modellflugplätzen darstellen. Das ändert sich zwar mehr und mehr in Richtung fernöstlicher Produkte. Was auf jeden Fall aber bleiben wird, ist die Zuverlässigkeit und Langlebigkeit der diversen ZGs. Und was auch bleiben wird, ist die etwas herzhafte, raue Gangart vor allem der Magnetzünder-Motoren. Ich gehe im Folgenden von einem ZG 62 aus, der neben der normalen Magnetzündung auch noch eine der im Zubehör kaufbaren überlangen Propellernaben hat.

Wie kann man nun die raue Gangart etwas ruhiger gestalten?

Erster Ratschlag, die Magnetzündung gegen eine elektronische tauschen. Das ist einfach zu machen, weil es dafür Umbausätze gibt. Warum man eine elektronische Zündung verwenden sollte, ist im Kapitel „Zündung“ ausführlich besprochen. Also brauchen wir uns hier um dieses Thema nicht kümmern.

Dann sollte man prüfen, ob die superlange Propellernabe überhaupt nötig ist. Warum? Wie alle die Benziner, die von einem Industriemotor abgeleitet sind, hat der ZG auch nur jeweils ein Kugellager auf jeder Seite der Kurbelwelle. Also auch nur eins auf der Seite, an der alle die Kräfte angreifen, die vom Propeller kommen. Jeder weiß ja, dass je länger ein Hebel ist, desto einfacher ist es, etwas zu bewegen. Wenn also der Hebelarm vom Propeller bis zum ersten Lager groß ist, wirkt sich jede Bewegung dort umso stärker aus. Aber wo kommen die unerwünschten Bewegungen eigentlich her?

Jedes Kugellager hat eine kleine radiale Lagerluft, die nötig ist, damit so ein Lager nicht klemmt. Jede Fügestelle, also die Stelle, an der Bauteile zusammengeschraubt werden, bringt eine Ungenauigkeit für den Rundlauf. Bei dem Beispiel-Motor war das eine ganze Menge. Da sitzt auf dem Konus des Kurbelwellenzapfens ein Flansch. Auf

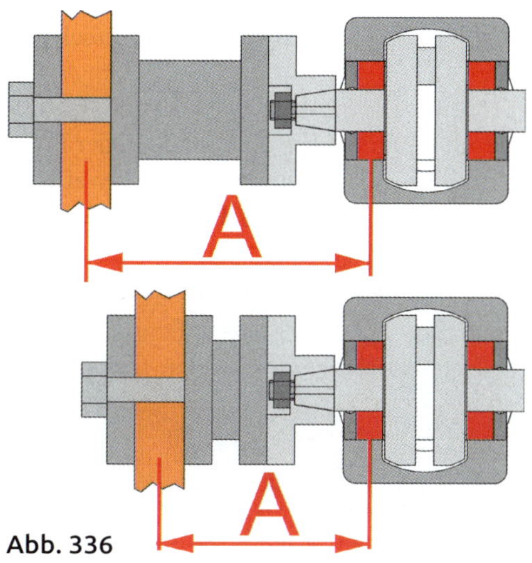

Abb. 336

Abb. 337

Abb. 338

den wird die eigentliche Propellernabe geschraubt, zentriert über einen angedrehten Bund. In die Propellernabe wird die Propellerschraube eingeschraubt, auf der sich schließlich der Propeller zentriert. Und alle diese kleinen Unrundheiten summieren sich als heftiges Zerren am ersten Lager der Kurbelwelle. Bei der Überprüfung des vorderen Bereichs des Motors wurde gemäß Messuhr eine Rundlaufabweichung von 1,7 Zehntel festgestellt. Die Kurbelwelle alleine war zwischen den Spitzen eingespannt 4 Hundertstel unrund.

Die 4/100stel Rundlauffehler der Kurbelwelle liegen noch im guten Bereich, aber 1,7 Zehntel sind schon eine Hausnummer! Das zerrt ganz wild am Modell und auch die Lager des Motors werden mehr als üblich belastet.

Meine Eigenbaumotoren basieren auch alle auf Bauteilen von Baumsägen oder Freischneidern, alles Motoren mit nur zwei Kugellagern. Ich nutze den Raum, in dem eigentlich der Radialdichtring sitzt und das Gehäuse abdichtet, um stattdessen vorne ein zweites Kugellager einzubauen. Die Dichtfunktion übernimmt dann die Dichtlippe des Kugellagers. Der ZG hat als Lager die Type 6202. Diese Lager gibt es in der Ausführung 2RSH mit einer Doppellippe an jeder Lagerseite. Das sagt der Typenzusatz „H“ aus. Bei Einsatz eines solchen Lagers wird der Lippendichtring unnötig und man kann dort ein zweites Lager einbauen. Das steht dann zwar etwas vorne über, wird aber leicht mit einer zusätzlichen Platte abgefangen. Die Platte wird mit längeren Gehäuseschrauben gehalten. Wir erinnern uns, dass der Fehler der Rundlaufgenauigkeit der Propelleraufnahme mit 0,17 mm gemessen wurde. Dabei ist aber noch nicht der Rundlauffehler der eigentlichen Propellerschraube berücksichtigt. Da es sich hierbei im Grunde nur um eine Sechskantschraube mit Feingewinde handelt, die keinerlei Zwangszentrierung unterliegt und etwas übertrieben ausgedrückt, im Gewinde schlackert, sollte man die Schraubenausführung nehmen, die ich bei meinen Motoren seit Langem mit Erfolg verwende. Die neue Schraube hat einen sauber rundlaufenden Kragen, der sich in einer entsprechenden Ringnut im Propellermitnehmer zentriert.

Abb. 339

Sind alle Vorschläge verwirklicht, sollte die Lagersituation des Motors jetzt wie in Abbildung 341 aussehen.

Abb. 340

Abb. 342

Viel Arbeit! Und was hat es gebracht? Der Testlauf des umgebauten ZG 62 wurde vom Besitzer – subjektiv – so beurteilt:

Im Leerlauf 1.500 1/min, fast wie ein Elektromotor. Dieser absolut rüttelfreie Lauf geht bis gegen 5.000 1/min. Dann rüttelt er bis zur Vollgasdrehzahl von 5.900 1/min. Test-Propeller war ein Fiala 23×10 Holz 2-Blatt.

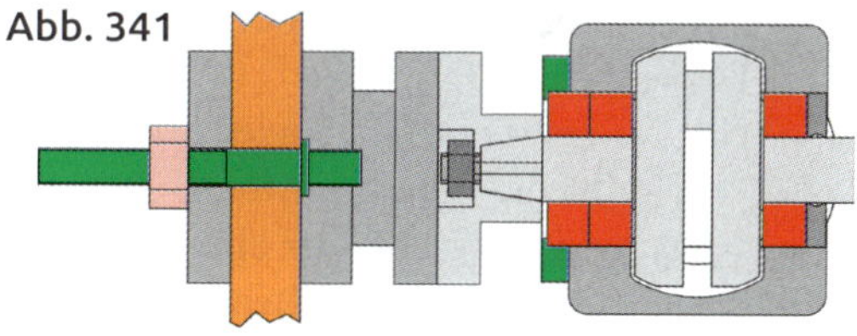
Abb. 341

Flatterventilgehäuse DA 50

Man sollte eigentlich davon ausgehen, dass ein Motor, wenn er vermarktet wird, voll ausgereift ist und alle „Bugs“ beseitigt sind. Manchmal bleibt aber doch schon mal ein kleiner “Bug“ übrig.

Der 50-cm³-DA-Einzylinder ist sicherlich ein toller und starker Motor. Die Ansaugsteuerung geschieht über ein Flatterventil, das ja nur dann gut arbeiten kann, wenn die kleinen Ventilplättchen sauber und dicht auf ihrem Gehäuse aufliegen. Da scheint aber ein kleines Problem vorzuliegen, wenn man die Schraube normal fest anzieht.

Auf der Online-Seite von Toni Clark fand ich einen interessanten und symptomatischen Hinweis zu den Vergaserschrauben des DA 50. Ich zitiere: „Zur Montage nur wenig Loctite an die Schrauben geben, und bitte nur sehr leicht anziehen. Was so aussieht wie eine simple Gummidichtung zwischen den Kunststoffteilen hält die Flatterventile nieder und darf keinesfalls zu sehr gequetscht werden.“

Wenn man sich die zusammengehörigen Teile ansieht, wird schnell klar, warum der Rat gegeben wird, die Vergaserschrauben nicht ordentlich festzuziehen. Der weiße (Nylon?) Ventilkörper kann sehr leicht verzogen werden, wenn der Gummidichtrand ungleich verpresst wird. Wenn das der Fall ist, ist einmal die Dichtfläche zwischen Vergaser und Kunststoffunterteil undicht und die Ventillamellen „pfeifen aus allen Ritzen“. Da diese Art der Vergaser/Ventilsituation bei einigen Motoren vorkommt, also vielleicht allgemein interessant sein könnte, habe ich auf Anregung eines FMT-Lesers nach einer dauerhaften Lösung gesucht. Der Kerngedanke ist, zu versuchen jedes Schiefdrücken des Gummiteils prinzipiell zu vermeiden.

Die Lösung sieht so aus.

Der weiße Ventilträger liegt nicht mehr frei auf dem Ventilgehäuse auf, sondern liegt in einer eingefrästen Vertiefung. Darüber kommt eine stabile GFK-Platte. Wenn jetzt die Vergaserschrauben festgezogen werden –

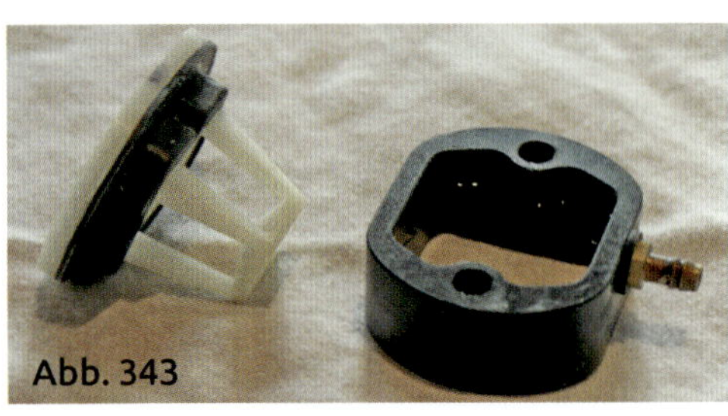

Abb. 343

Abb. 344

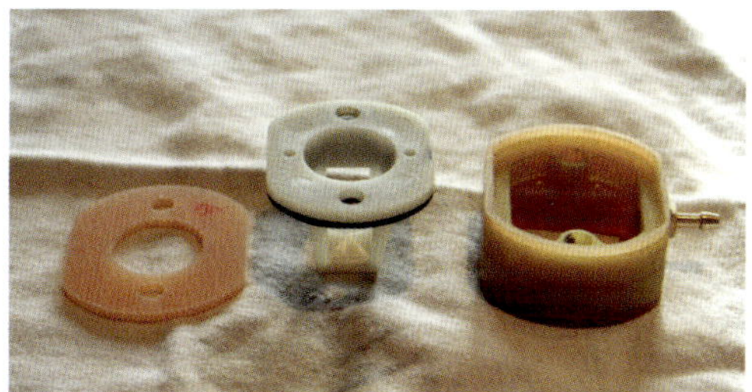

Abb. 345

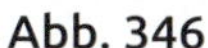

Abb. 346

Abb. 347

so wie es sich gehört – legt sich die GFK-Platte auf den Rand des neuen Ventilgehäuses auf und hat keine Chance mehr, den weißen Ventilträger zu verbiegen.

Da das neue Teil etwas höher baut als das Originalteil, sind längere Vergaserschrauben nötig. Außerdem muss man die Anlenkungen für Drossel und Choke in der Länge anpassen.

Das Teil sieht nur so aus, als ob es schwierig herzustellen ist. Wer eine CNC-Fräse in seiner Werkstatt hat, kann nach den Fräsdateien auf der FMT-Homepage direkt loslegen. Diese Teile sind herzustellen.

Das eigentliche Gehäuse besteht aus drei Lagen GFK Material, die in der gezeigten Reihenfolge mittels UHU Endfest 300 verklebt werden. Ich habe sogar noch ein paar

Abb. 348

Abb. 349

Lagen mehr machen müssen, da gerade keine passende Materialdicke vorrätig war. Im Backofen 10 Minuten bei 110 Grad macht daraus ein solides Gesamtteil.

Wichtig ist, darauf zu achten, dass kein Harz in der Mulde für den Ventilkörper die scharfe Ecke zuschmiert. Sonst muss man – so wie es mir passiert ist – die Mulde nachträglich noch einmal nachfräsen. Der Ventilkörper muss plan aufliegen, sonst hat man sofort ein Problem.

Montiert wird alles – Vergaser, Ventilgehäuse, Ventilträger und die zusätzliche GFK-Platte – grundsätzlich ohne jede Papierdichtung. Stattdessen werden die Dichtflächen ganz dünn mit dem Silikon der Wackerchemie Elastosil E43 eingerieben. Die Gewindebohrung für den Drucknippel sollte man 8,5 mm von der Oberkante (Vergaserseite) des neuen Gehäuses einbohren. Wer – wie ich – keinen zölligen Gewindebohrer hat, muss einen neuen metrischen Drucknippel nehmen.

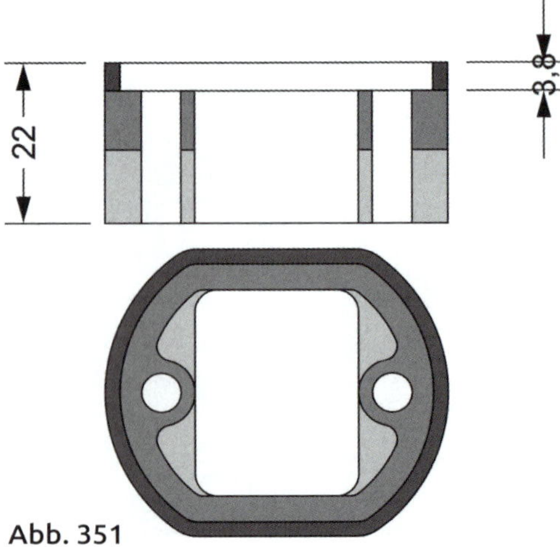

Abb. 351

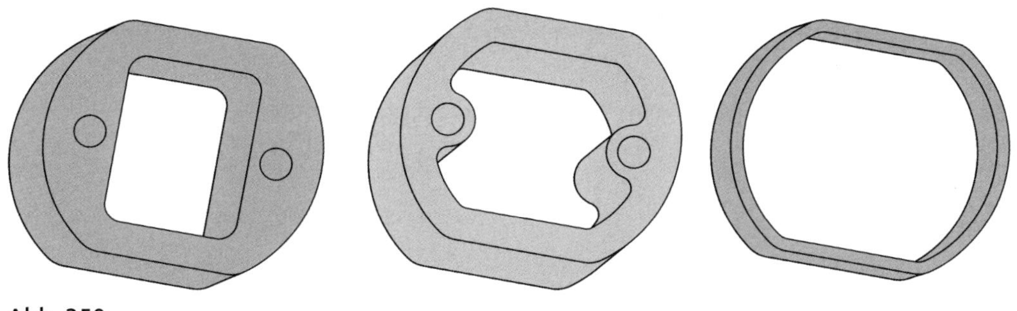

Abb. 350

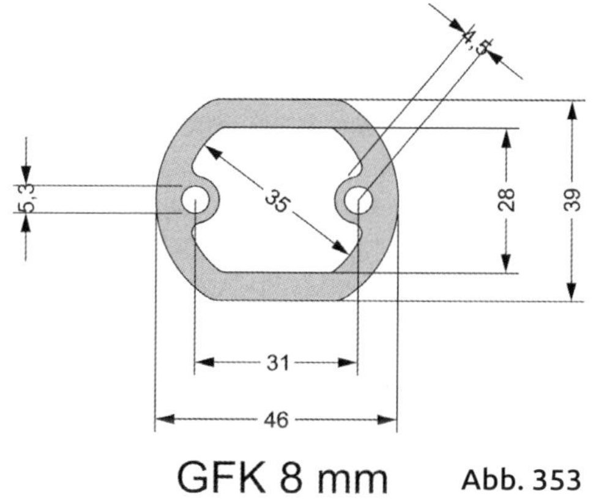

GFK 8 mm

Abb. 353

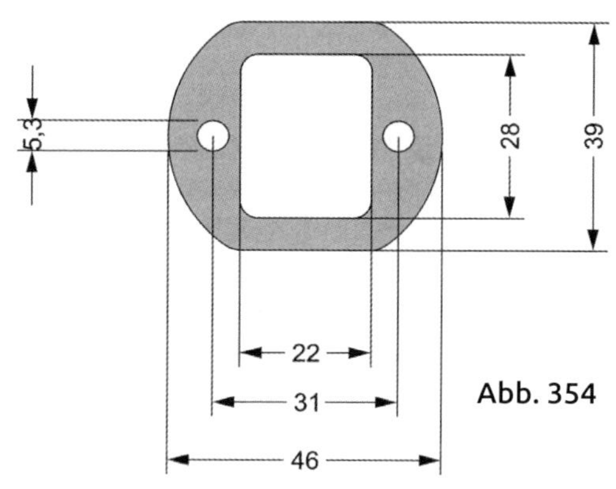

Abb. 354

GFK 10 mm dick

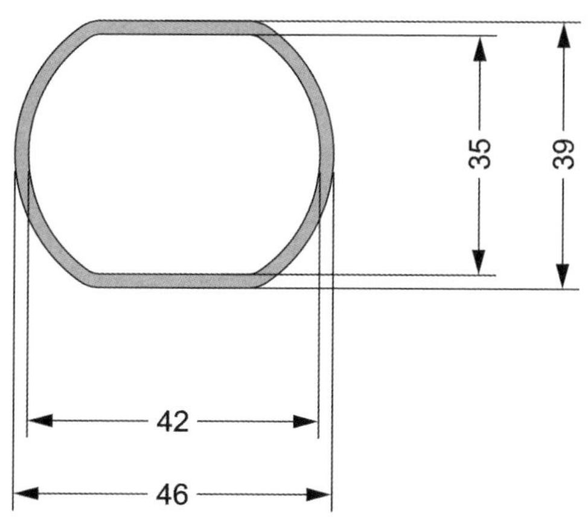

GFK 4 mm

Abb. 352

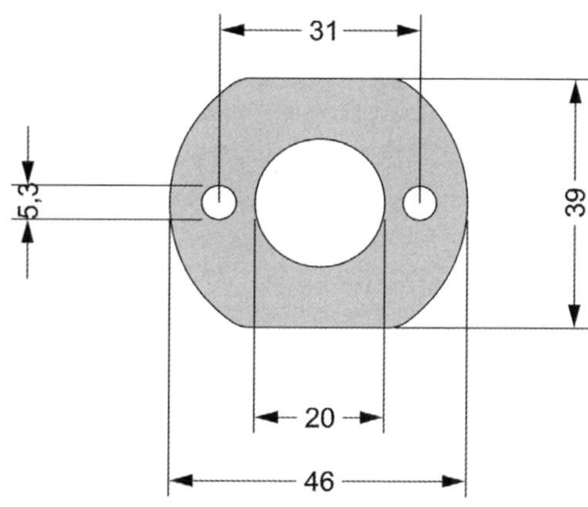

GFK 2- 2,5 mm dick

Abb. 355

Anhang

Zeichnungen verschiedener Dämpferkonstruktionen

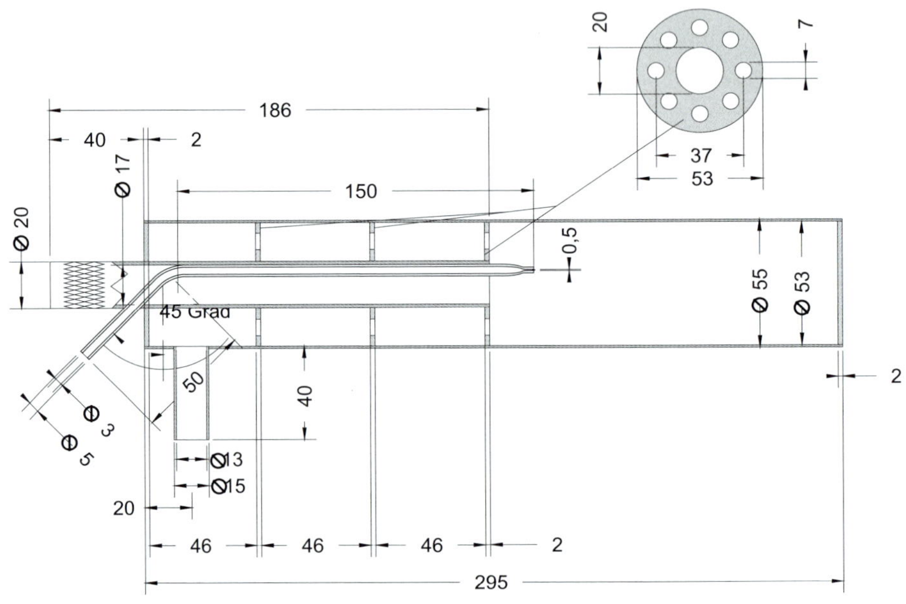

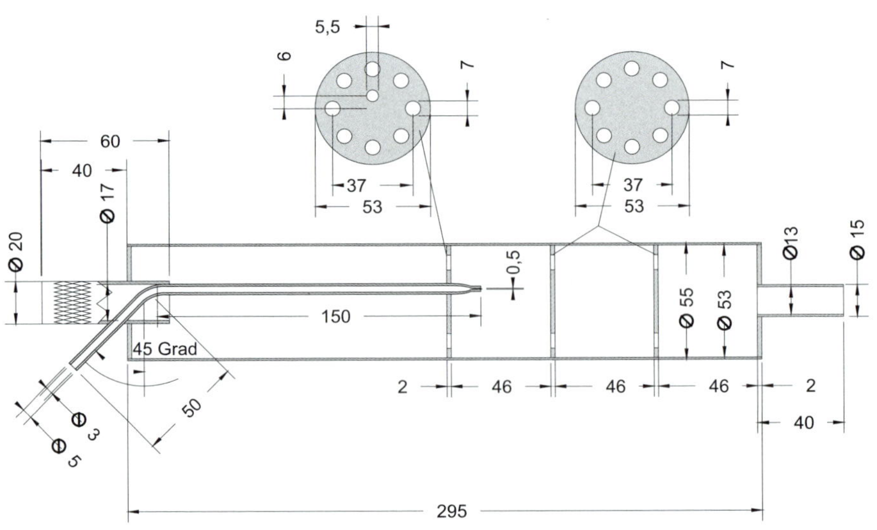

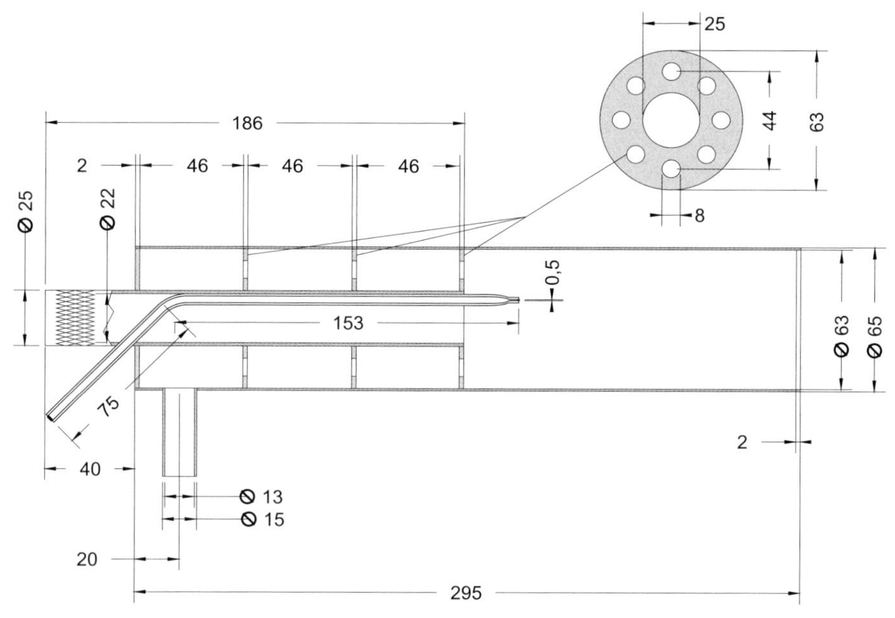
25
44
63
186
2
46
46
46
Ø 25
Ø 22
8
0,5
153
Ø 63
Ø 65
75
2
40
Ø 13
Ø 15
20
295

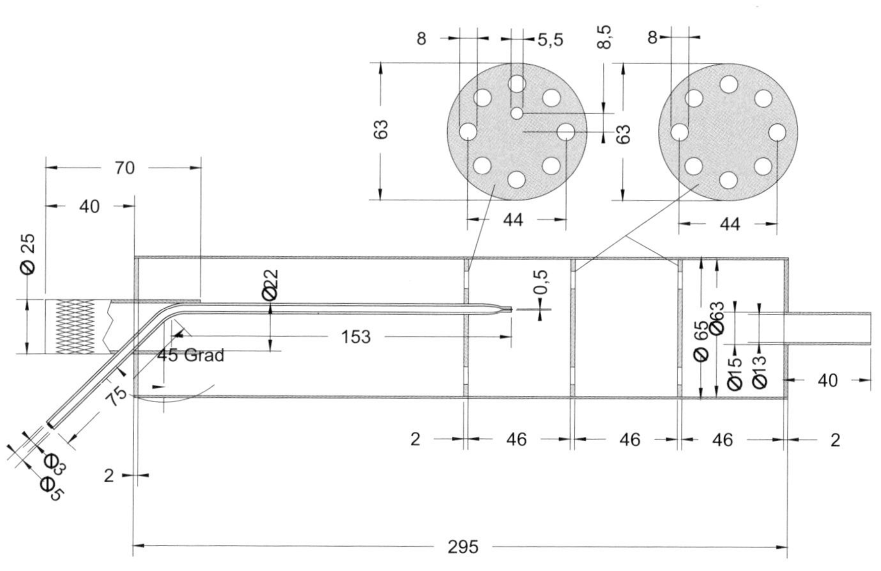
8
5,5
8,5
8
63
63
70
40
44
44
Ø 25
Ø22
0,5
153
45 Grad
Ø 65
Ø63
Ø15
Ø13
40
75
Ø3
Ø5
2
46
46
46
2
2
295

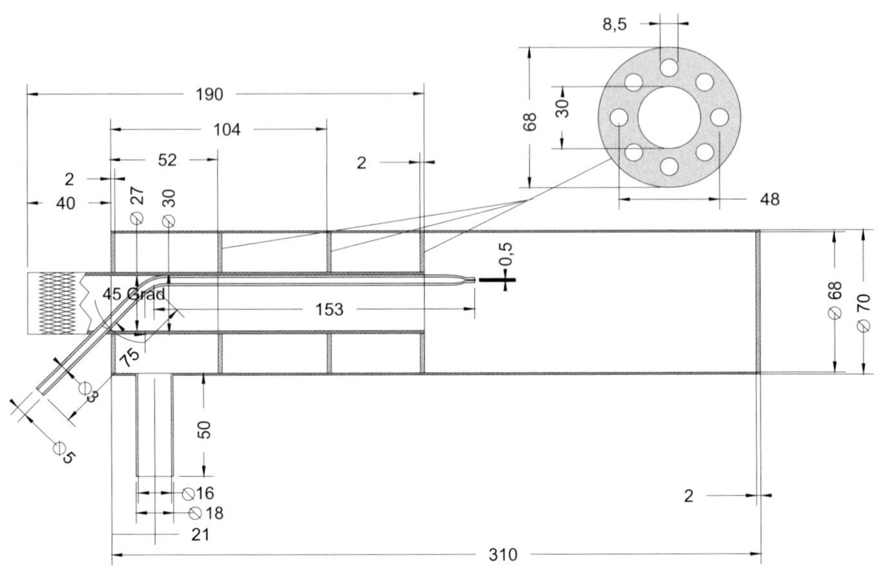
8,5
68
30
48
190
104
52
2
2
40
∅ 27
∅ 30
0,5
45 Grad
153
75
∅3
∅5
50
∅16
∅ 18
21
2
310
∅ 68
∅ 70

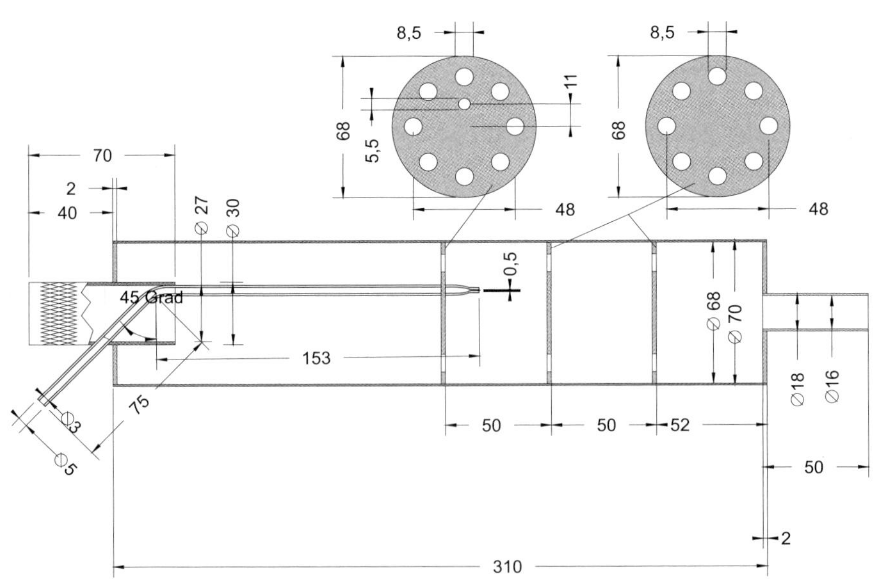
8,5
68
11
5,5
48
8,5
68
48
70
2
40
∅ 27
∅ 30
0,5
45 Grad
153
75
∅3
∅5
∅ 68
∅ 70
∅18
∅16
50
50
52
50
2
310

Verschiedene Zündungskurven

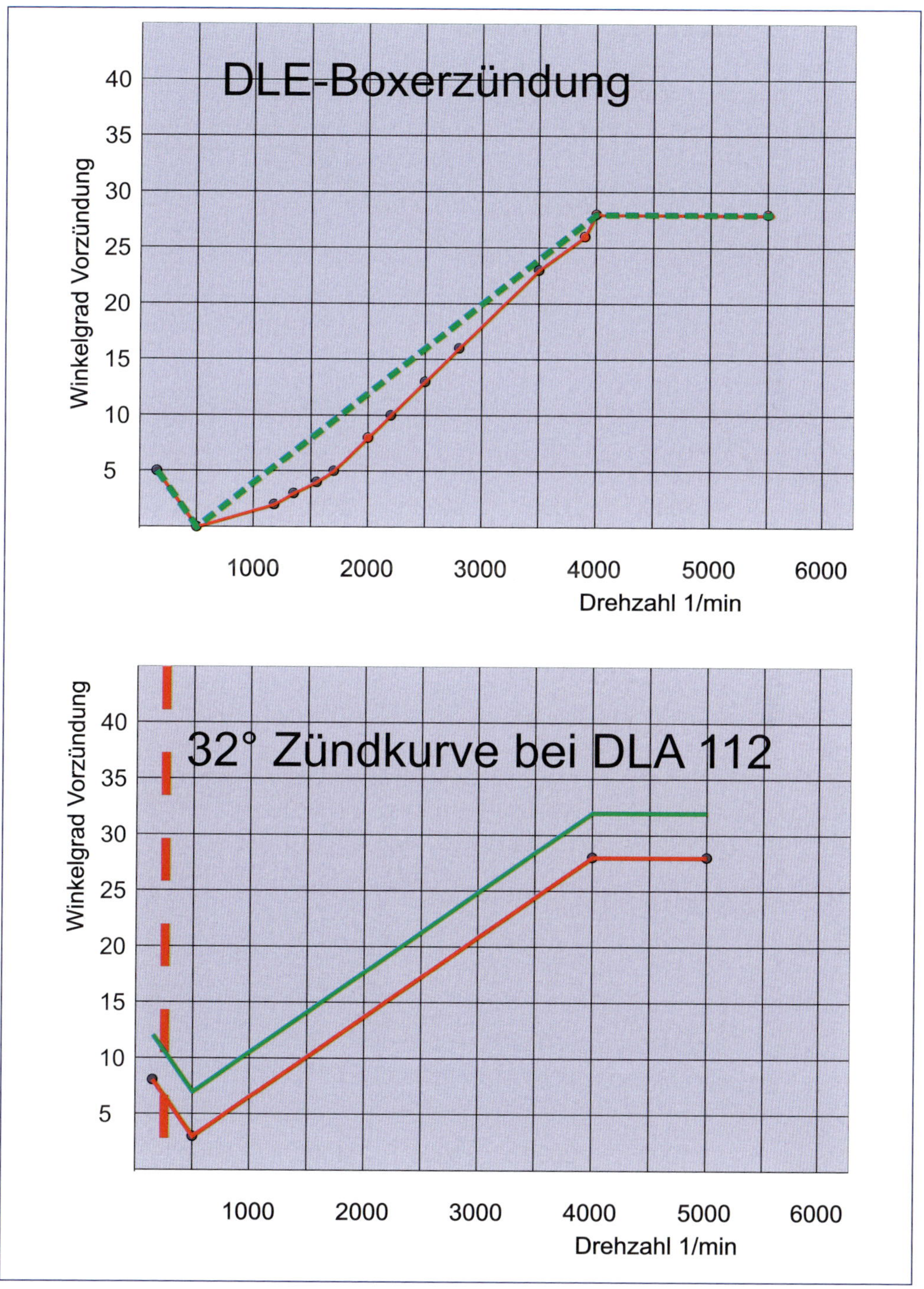

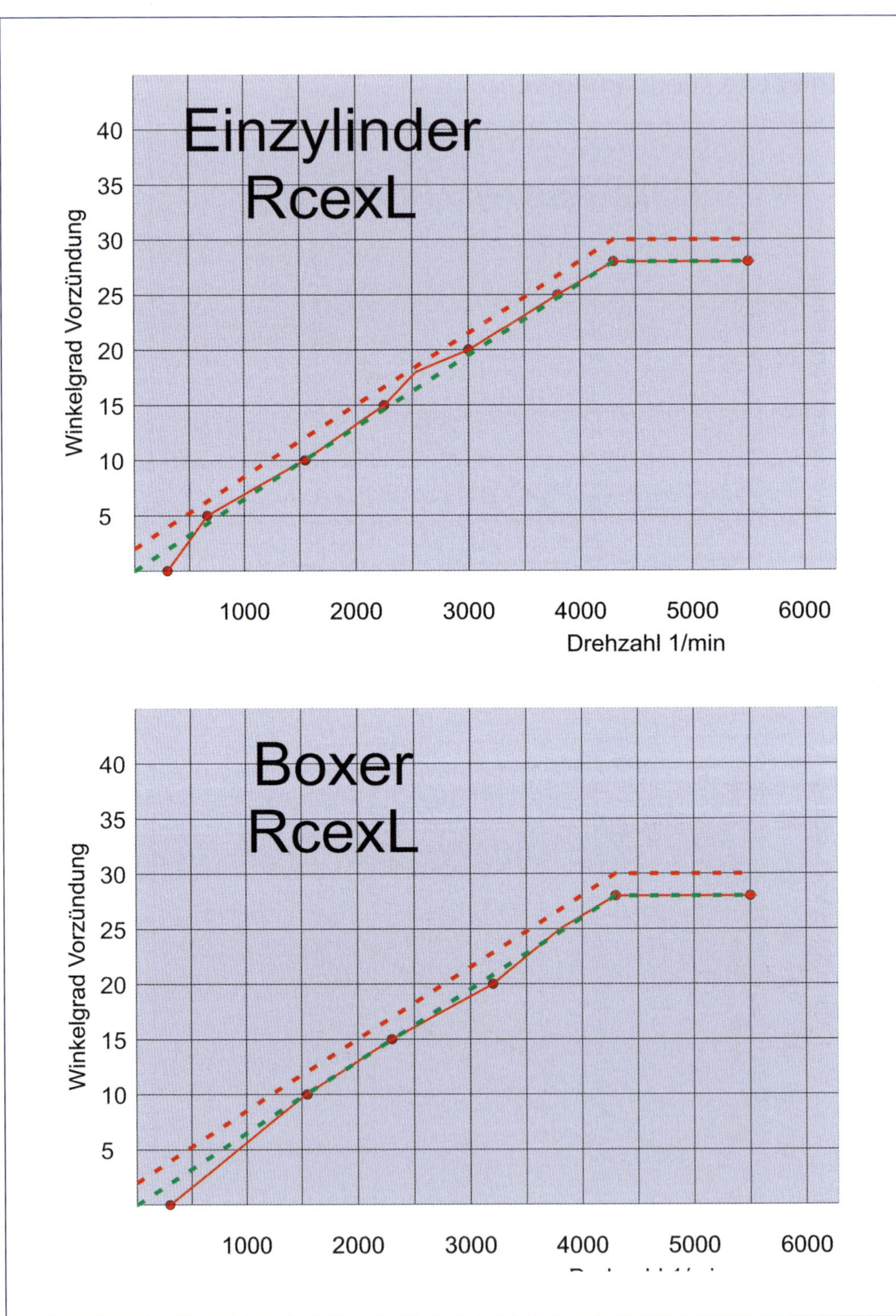
Einzylinder
RcexL
40
35
30
25
20
15
10
5
Winkelgrad Vorzündung
1000
2000
3000
4000
5000
6000
Drehzahl 1/min
Boxer
RcexL
40
35
30
25
20
15
10
5
Winkelgrad Vorzündung
1000
2000
3000
4000
5000
6000

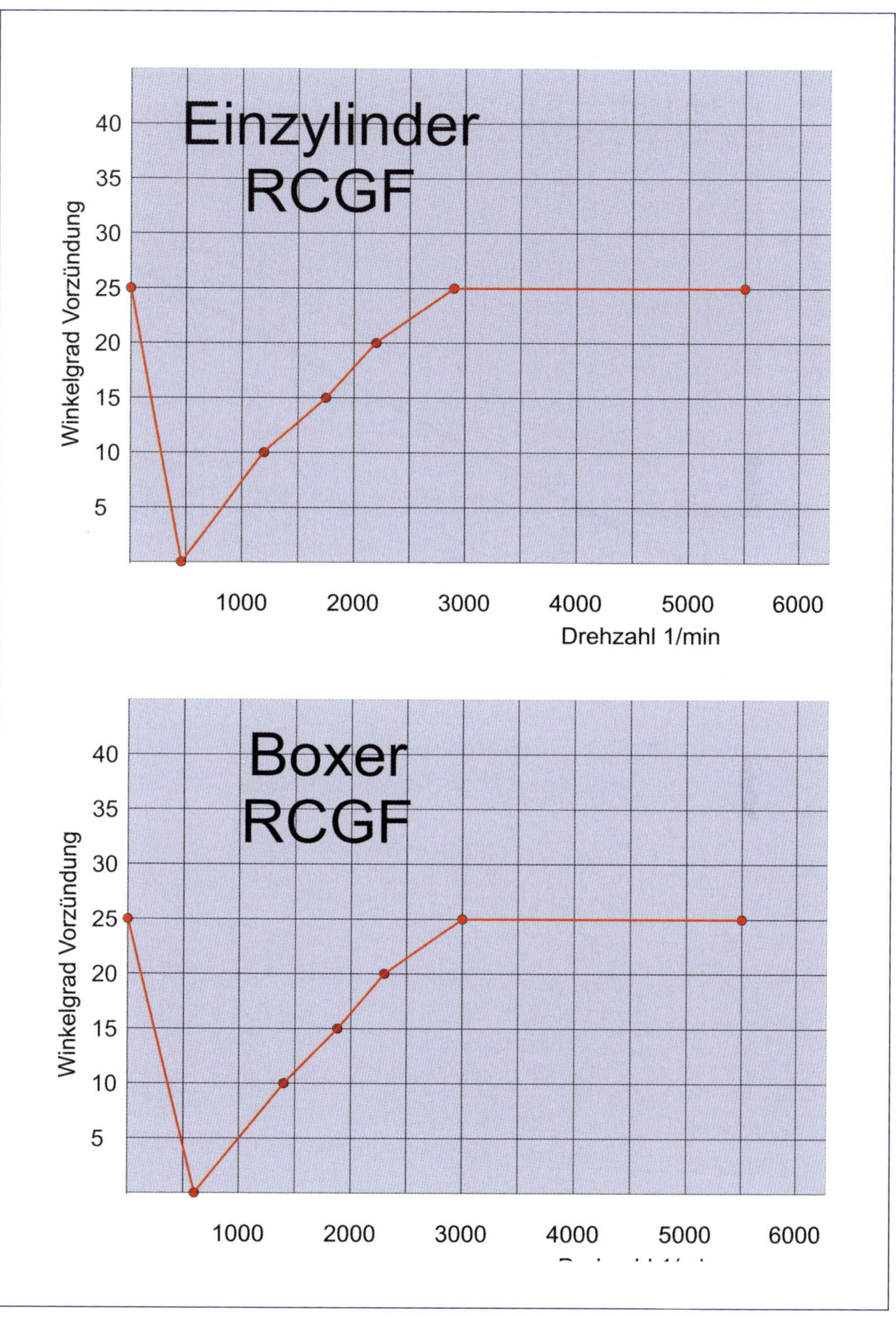
Einzylinder
RCGF
40
35
30
25
20
15
10
5
Winkelgrad Vorzündung
1000
2000
3000
4000
5000
6000
Drehzahl 1/min
Boxer
RCGF
40
35
30
25
20
15
10
5
Winkelgrad Vorzündung
1000
2000
3000
4000
5000
6000

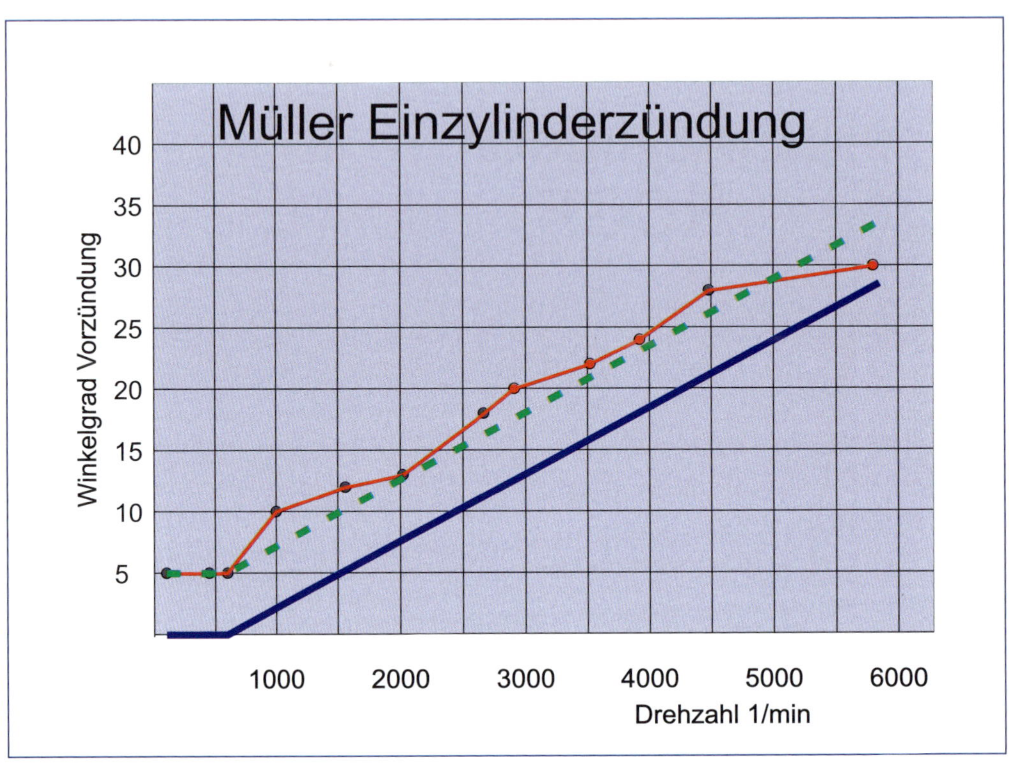
Müller Einzylinderzündung
Winkelgrad Vorzündung
40
35
30
25
20
15
10
5
1000
2000
3000
4000
5000
6000
Drehzahl 1/min

Kontaktdaten

- Aeroflug, www.aeroflug.de
- Wedekind, wedekindmartin@aol.com
- KPO Modellbau, www.kpo-flugmodellbau.net
- Albinger, www.aps-pumpsystems.de
- Addinol, www.a3q-oelshop.de
- RC-Electronic,www.hacker-motor-shop.com/iRC-Electronic-EMCOTEC.htm?a=catalog&p=9154
- Powerbox, www.powerbox-systems.com
- Richter, www.richter-tankverschluss.de
- Sunshine, www.sunshine-modellbau.de
- Ritters, www.flugschau.de
- Pefa Schalldämpfer, www.pefa-modelltechnik.de
- Toni Clark, www.toni-clark.com
- 3W, www.3w-modellmotoren.de
- Krumscheid Dämpfer, www.krumscheid-metallwaren.de
- MTW Dämpfer, www.mtw-daempfer.de
- Zimmermann Dämpfer, www.zimmermannschalldaempfer.de
- Scheuber, tts59@web.de